人生没有白走的路，
每一步都算数

杨红 著

中国水利水电出版社
www.waterpub.com.cn
·北京·

内容提要

本书通过多篇短文,从未来可期、不怕来不及,唯有义无反顾才能勇往直前,绝境不过是逼你走正确的路,生活的路需要独立行走,磨难都是为了成就更好的你等方面,讲述了人生之路需要不断地前行探索,如果遇到艰难险阻,既不应该退缩,也不应该抱怨,而要将经历的艰难困苦当成人生的考验,坚定执着地努力前行。只有这样,才能最终获得柳暗花明的结果,领悟到所有的人生经历都是宝贵的人生财富这样的道理。

本书适合于广大读者休闲阅读。

图书在版编目(CIP)数据

人生没有白走的路,每一步都算数 / 杨红著. -- 北京:中国水利水电出版社,2020.12
 ISBN 978-7-5170-9271-1

Ⅰ. ①人… Ⅱ. ①杨… Ⅲ. ①成功心理—通俗读物 Ⅳ. ①B848.4-49

中国版本图书馆CIP数据核字(2020)第253487号

书　　名	人生没有白走的路,每一步都算数 RENSHENG MEIYOU BAI ZOU DE LU, MEI YI BU DOU SUANSHU
作　　者	杨红 著
出版发行	中国水利水电出版社 (北京市海淀区玉渊潭南路1号D座　100038) 网址:www.waterpub.com.cn E-mail:sales@waterpub.com.cn 电话:(010)68367658(营销中心)
经　　售	北京科水图书销售中心(零售) 电话:(010)88383994、63202643、68545874 全国各地新华书店和相关出版物销售网点
排　　版	北京水利万物传媒有限公司
印　　刷	天津旭非印刷有限公司
规　　格	146mm×210mm　32开本　6.75印张　160千字
版　　次	2020年12月第1版　2020年12月第1次印刷
定　　价	46.00元

凡购买我社图书,如有缺页、倒页、脱页的,本社发行部负责调换
版权所有·侵权必究

Contents 目录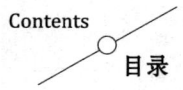

第一章

水远山长，未来可期，
你怕什么来不及

追梦的路上，急于求成是最远的一条 _ 002
捷径，是最拥挤的路 _ 006
千万不要用努力感动你自己 _ 011
永远不要失去做一个好人的觉悟 _ 016
放弃诱惑并不意味放弃追求 _ 020
人生不能简省的三件事 _ 025
水远山长，未来可期，你怕什么来不及 _ 030

CONTENTS

第二章 02

唯有义无反顾，
才能勇往直前

我们能做的，就是向前一步 _ 036

你受的苦将照亮你的路 _ 042

唯有义无反顾，才能勇往直前 _ 047

不要限制自己的脚步 _ 052

世界有空搭理我吗 _ 059

趁年轻，过不将就的生活 _ 065

我们绝不能被琐碎的生活禁锢 _ 071

不能把世界让给懒人 _ 074

第三章 03

所谓绝境，不过是
逼你走正确的路

没有什么人生能够万无一失 _ 080

没有经历过贫穷，不足以谈人生 _ 084

走过去，就能得到一片天 _ 090

不抱怨的人，怎样都好看 _ 097

只有向上的路，才会那么难 _ 102

有梦想，就不要怕别人的质疑 _ 108

想成功，必须找到适合自己的路 _ 112

迷茫的时候，就选最难走的那条路 _ 118

CONTENTS

第四章 04

我们始终
独立行走在这个世界

生活的路，必须自己走出来 _ 126

有些路，总要一个人走 _ 133

命运靠自己转弯 _ 140

你要怎么做，才是爱自己 _ 146

你的努力，不是为了做给别人看 _ 151

世界上没有无条件的帮助 _ 156

真正的独立，是拒绝被世俗标准绑架 _ 161

第五章 05

所有的颠沛流离
都是为了成就更好的你

通往卓越的路,从来没那么简单 _ 168

一切都会过去,一切都只是经过 _ 174

给时光以生命,给生命以时光 _ 181

心若有定所,何必去漂泊 _ 189

人生足够长,你能遇见最好 _ 192

除了远方,还要有眼前的"苟且" _ 198

人生没有白走的路,每一步都算数 _ 204

第一章

水远山长，
未来可期，
你怕什么来不及

追梦的路上，急于求成是最远的一条

01

不知道你有没有问过自己：70岁的时候，你会待在哪里，在做什么，有什么人陪着你，年轻时那些陪你一起做梦、一起疯的朋友又去了哪里？

22岁那年，我这样问过自己。那年我就要毕业了，和一群一无所有的朋友坐在一起畅想着美好的未来。有的人正忙着追逐梦想，已经进入了社会；有的人做着不切实际的白日梦，被生活的压力打醒；有的人还没找到自己的梦，但听着别人的豪言壮语也有了做梦的感觉。我们就是这样，坐在教学楼的台阶上，约定若干年后一起实现梦想。有的人喝多了，有的人困得要睁不开眼，但我们都很确信，在我们同声说"一定"的那一刻，我们所有人的眼睛都是发光的。

年少时做过很多约定，有些随着时间的流逝模糊了，有些因为朋友的离开不了了之。唯有二十几岁时许下的约定，因为当时的单纯赤城而显得格外郑重。那么一群进入社会前的朋友，一群还相信梦想、相信奋斗的朋友，和他们许下的约定已经不单纯是一件想要完成的事，而是一个连同当时的自己一起封存了的过去。

如果那个若干年前的约定真的能够实现，就像能找回当年那个一无所有却相信梦想、相信奋斗的自己，可是对于那个过去的自己来说，这个约定能够记多久，又会付出多少时间给一个可能只有自己记得的誓约？

02

每件事情都有保质期，罐头有，爱情有，就连友谊也有。心理学家研究社会大众的友谊周期时发现，每七年，我们就会更换自己的朋友圈，即使很多时候这并不是我们的主观意愿。

那么梦想呢，梦想的保质期是多久？

当我们还年轻时，很容易急于求成，急着为自己的梦想正名。连张爱玲都说，出名要趁早。要是一不小心过了追梦的年龄，可如何是好？

"在所有到达成功的路线里，急于求成恰恰是最远的一条"，几年前一位师兄这么告诉我。这位师兄，其实可以称得上是我的梦想导师。他从高中时开始自己写歌，写了一大堆，却只唱给自己喜欢的人听。大学时他找到了一个与自己志同道合的乐队，渐渐地他看到梦想成真的可能。有一阵子他告诉我说有个机会，可能会让他在突围赛上节省不少精力。我真心为他高兴，后来却又不做了，原来，那个所谓的机会只是为一个现场比赛写歌。即兴歌曲不在乎歌词质量，只在乎谁写得更快，写得更多。写多了这样的词，他发现自己有些迷茫，好像丢了什么东西，不是灵感，而是那个想要写出一首抚慰一个时代的人的歌的自己。所以，他果断地离开了那个位置。

"对我来说，梦想就是做梦都想的事情。如果你为了庸俗的事情忙得连梦都做不了，梦想还怎么实现？做梦嘛，不要急，反正我们活着一天，就会一夜做梦的机会。"

我一直记得他这句话，并品味了很久。庸俗的事情是指什么呢？大概就是为了成功而成功，为了出名而出名所做的妥协。要知道，梦想是从来不屑去妥协的。

或许实现梦想的过程需要很久，或许等了很久那个机会都不曾出现。即使这样，也不必心急，因为我们活着一天，就可以有一夜做梦的机会。

03

看过一则广告，讲的是一个迟到的梦。5个平均年龄81岁的老人，一个重听，一个患了癌症，并且每个人都有退化性的关节炎，可就是这样5位高龄的老人，却只用了6个月的时间准备，踏上了为时13天的环岛旅程，而原因，不过是要解答一个常见的问题——人为什么活着。经历了1139公里，当他们再次站在年轻时留下欢笑的海滩上，当他们举起已经离世的伙伴的照片，他们告诉自己，也向这个世界宣告：活着是为了梦。

如果说这5位老人的人生曾与其他人的有过什么不同，那一定是因为他们还有梦。对于心里有梦的人来说，20岁定下的一起骑车环岛的约定，无论是50岁还是80岁，终会有实现的那一天。他们相信梦想，也相信能实现梦想，就像骑士那样坚定勇敢。这大概也就是这则广告为什么要叫作"梦骑士"的原因吧。

假如你的梦想迟迟未能实现，等你老了，你会像这5位老人一样继续勇敢追梦吗？

捷径，是最拥挤的路

01

很多人都想走捷径，都想着跑得比别人更快，结果着急忙慌一辈子，到头来都不知道自己这些年到底在忙些什么。

其实我们都明白，慢一些才能走得更远，大道理人人都懂，现实却是另一副模样。

从大学毕业到现在，一路走来，我吃了很多亏，现在想来大多都是自己的焦躁冒进造成的。

大学毕业后，我应聘到一家相当有实力的影视广告公司工作，试用期三个月。刚到公司的时候，做的都是些零碎活儿。因为害怕表现不够好，无法转正，心里总是很焦急，迫切地想要表现自己。

那时候，我对所有事情都表现出异常浓厚的兴趣，生怕错过任何一个学习的机会。

　　一天中午，同事们吃完饭，都去茶水间小憩，只有视频编辑还在聚精会神地工作。闲来无事，我就到他旁边看他如何编辑视频。

　　视频编辑是个年纪四十岁上下中年男人，他发现我一直在旁边看，就问我："看得懂吗？"

　　他的语气很随意，只是随便问问，并没有鄙视的意思。但我却不这么想，我想向前辈证明我不是一个什么都不会的小丫头，于是就说："虽然我没用过这个软件，不过我学过平面设计，用过一些别的软件，原理估计都是相通的。"说完这话，我还沾沾自喜起来。我想，前辈一定会对我刮目相看。

　　可是前辈并没有说话，而是继续忙手头的工作。

　　从那之后我发现，只要我到他身边，他就立马关掉软件，假装做别的事情。次数多了，我自己也觉得挺纳闷，想不通为什么就变成这样了。当时的我根本就不知道自己错在了哪里。

02

　　试用期结束后，我虽然侥幸留了下来，却被调到了别的部门，听说是那位前辈从中做了工作。原来，我试用期快结束的时候，老板向那位前辈询问我的表现，他非常热心地"夸"了我。他说:"小杨人聪明,口才好,形象气质也不错,唯一的不足是可能因为年轻,做事有点心急,沉不下心来,我觉得安排她到市场部或者配音部锻炼锻炼比较合适。"

那时候市场部刚好有个同事离职,我也就顺理成章地被安排去接替她的工作。我的性格比较内向,被迫去挑战自己不喜欢也根本不擅长的工作,这着实让我郁闷不已。

而和我同时进公司的两位女生,给别人留下的印象是踏实地自己的工作做好,于是最终都顺利留在了制作部。其中一位一直默默学习,积累经验,用两年的时间坐上了那个前辈的位置。我却坚持了不到一年就选择了离开。

从那以后,我开始明白人不能急于求成、过度表现自己,尤其刚到一个工作单位还未立足的时候,就急于表现自己,可能会让你的同事反感,觉得你这个人爱逞能、爱出风头、爱表现。虽然这并不是你的本意,但别人未必能够理解。

刚参加工作的年轻人做事认真,对自己不懂的东西感兴趣,爱学习,这当然是好事;可是对本职工作之外的事情有极大的热情,有时候会被人误以为非常功利。这段时间是我们积攒经验最好的时候,所以大可不必太冒进,一步步稳扎稳打才是成功之道。

后来,我也发现,能最终留在公司的人往往都是能守住本心、一步一个脚印往前走的人；那些急功近利、恨不得一步登天的人很大概率会被淘汰。

我拿自己血泪教训告诉你们：太过追求速度的人往往跑不远，甚至还会摔得很惨。

03

心态平和，是一个人的巨大优势。不论是在创业求职时，还是在为了梦想而奋斗的道路上，谁急功近利，谁就先输了。

在选秀节目中，我们可以看到，凡是想碰运气，希望一唱成名的人大概率会被淘汰。能够一直走下去的，都是那些真心喜爱唱歌并为之努力的人。而越竞争到最后，你越会发现，这时候实力并不是最重要的，心态才是。不论比赛多么激烈，竞争多么白热化，那些真正热爱唱歌的人，内心平静得如同一面镜子，一心只想演绎好自己的歌曲。

在社会上打拼，每个人都不可避免地要承受很多压力。有时候这些压力会压得我们喘不过气来。这个时候，我们就需要平心静气，提醒自己遇事不慌不忙，做事张弛有度，这样才能保持心态平和。不要带着压力和束缚奔跑，卸下包袱，我们才能跑得轻松。

不急功近利，心中有杆秤，知道什么可为，什么不可为，始终坚守自己的喜好和做事原则。宠辱不惊，才能"行至水穷处，坐看云起时"。

　　生活里除了金钱，还有太多值得我们追求和坚持的事情，比如抽出时间多陪陪父母孩子，比如花点时间做些自己喜欢的事情。如果在追逐梦想的道路上，我们忘记了呼吸泥土的芬芳，忘记了回家，忘记了天空的颜色，即便银行卡里的数字不断增长，这样的人生又有什么意义呢？趁着一切还不太晚，趁着一切还有回旋的余地，让我们好好珍惜身边的人和景，关注生活的本质，体会生活的美好。

　　慢才能远，才能一步一个脚印地翻山越岭。在这个快节奏的时代，保持内心笃定的人，才能一直走下去。生活的意义不仅在于享受成功的喜悦，还在于享受努力的过程。如果你不懂，那么就从现在开始，试着让自己跑得慢一点，你会发现你的人生从此大不一样。

千万不要用努力感动你自己

01

我的前同事韬最近可谓好运连连，先是考取了经济师职称，后竞聘主管成功。大家起哄让他请客，他一口答应了。

去年一整年，韬运气一直不好，先是接连两次公务员考试都失利，后来竞聘主管也没成功，最后，他宣布放弃公务员考试，一心在企业发展。

彼时，周围的朋友都知道他特别努力，纷纷替他感到惋惜。他却笑着说："有什么好惋惜的？谁说努力了就一定能考上？谁又保证你努力了就能竞聘得上？"

韬的确很努力。踏实沉稳的他，每天给自己布置了复习任务，业余时间被塞得满满当当。在同龄人泡酒吧的时候，在别人约会的时候，他在为梦想而努力。

韬的母亲坚信公务员就是"铁饭碗"，他只好顺从母亲的意愿，努力去考公务员。两次笔试他都是第一名，但是在面试时，却被嫌弃个头太矮、形象不好，没被录用。他想竞聘公司的主管，但是因为前任主管早已经有了人选，所以他落选了。

在饭桌上，当大家祝贺他时，他说："当初考公务员，是为了圆母亲的梦。笔试过了，证明我努力过了。但面试总通不过，说明我不适合走那条路。再说了，努力本身不值得夸奖，谁都应该努力，因为你做的都是你应该做的事情，不管结果是好是坏，你都要承受。但是结果没有出来之前，请别把努力本身当成荣耀。你成功了，你的经验可以被别人借鉴；你失败了，你的经历就是前车之鉴。"

02

前段时间，好朋友慧辛苦准备了三个月的策划方案没被采用，她都快疯了。

在公司的讨论会上，老总说话毫不留情，将她的方案贬得一无是处，还骂她耽误了工作进度，慧的眼泪当场就落下来了。慧的主管试图为慧说话，也被骂得无地自容。

几个月来，为了做出一份完美的方案，慧真的很努力，先是做市场调研，白天顶着大太阳，到附近的小区里找人帮着填表格；晚上回家还要翻阅相关专业书籍，上网查找各类资料，就连周末也都全献给了工作，但还是失败了。因为缺乏跟客户的有效沟通，慧的方案跟客户的要求相去甚远。老总毫不客气地说："努力很重要，但结果更重要。公司追求效益，只看结果。方案不行，还要重新策划，这就是耽误了工作进度。"

慧很委屈地向我诉苦："我没有功劳也有苦劳吧，至于发那么大火吗？"

我不知道该怎么劝她。过去，我们总是说"没有功劳，还有苦劳"，现在是看结果的时代，对谁都一样。父母可以肯定你的努力过程，但是企业看的是结果。如果所有的企业都只看重过程的话，那么就没有什么效益可言了。

03

有一段时间，我关掉手机，不与任何人联系，天天把自己关在房间里，每天坚持写两千字文章，看一本书，不断聚积属于我自己的能量。这是我的坚持，也是我的态度。偶尔翻微信，看到一些很少在朋友圈发状态的人，也开始有一些小小的变化，有人每天发健身的照片，有人每天发练字读书的照片，有人抱怨工作很难，有人炫耀自己工作很努力……而我什么都不想说，只想远离人群和喧哗，沉下心来，做自己喜欢的事情，不浮躁，不功利。

努力只代表你在做自己该做的事情，既然是你该做的事情，为何要去炫耀呢？

我知道，这种沉默，迟早有一天会带我去我想去的远方。每个人都该学会少说多做，因为努力本身并不值得炫耀。

04

这是个很现实的世界，很多人只看结果，不看你努力的过程有多辛苦。

努力的过程，对于我们自己很重要，但对于他人则无足轻重。

他们只在乎你考上了没有，升职了没有，加薪了没有，并不在乎你之前付出了多少努力。

在一切尚未水落石出之前，请保持你的沉默。鲁迅先生曾说过："不在沉默中爆发，就在沉默中灭亡。"沉默是个分界线，一边通往宁静和死寂，一边通往鲜花和掌声。不是所有的沉默最后都能开出美丽的花朵，但所有美丽的花朵都来自沉默的积淀，来自沉默的成长。

种子破土时是沉默的，柳树发芽时是沉默的，狼群围狩羊群时是沉默的，梦想在绽放时是沉默的。

很多人都是在沉默中聚积了强大的爆发力。总有一段时光，需要你孤独沉默着走过，内心深藏着理想，一往无前。

要想实现梦想，就请自觉地关上通往繁华世界的门，把时间全部花在自己的事业上。比如，搭建一所房子，铺筑一条小路，开垦一个菜园，开发一套程序，建造一个属于自己的王国。

你必须全神贯注、心无旁骛，才能看到滴水穿石的效果。我们的生活中充满了种种诱惑，有电视、网络，有知己好友，有酒局饭场，有家庭琐事，任何事情都有可能把你从你热爱的事业中拽出来。成功，说白了，就是寂寞熬出的汤。

只有你自己知道，你在熬什么。要想熬一锅汤给所有人喝，你没必要声张，因为可能会被嘲笑、被质疑、被鄙视，可能会有种种干扰。你要耐心十足，加足汤料，文火慢炖。最后，你熬的这锅汤将既有味道又有营养，它的香味才会被人闻到。

努力本身不值得夸耀，努力后的成果，才值得自豪。

永远不要失去做一个好人的觉悟

01

前段时间,我和几个朋友去电影院看《一条狗的使命》。朋友佳佳被剧情感动得直落泪,从电影开场一直哭到散场。出来以后,她还久久不能释怀。

佳佳跟我们说,这部电影让她想起了自己两年前养过的一只泰迪。

那一年,佳佳陪朋友带着她的拉布拉多去宠物医院打疫苗,有一只棕毛泰迪一直围在她的脚边打转,她感觉这只泰迪和自己特别有缘,就把它买了下来,取名阿宝。每天佳佳下班回到家里,阿宝都会第一时间出来迎接她,这让她感觉特别温暖。

有一天,出去散步的时候,阿宝走丢了,佳佳为此发动了所有认识的人,在朋友圈里转发寻狗启事,可依然没有阿宝的半点儿消息。那时候，佳佳茶饭不思，失魂落魄，如同失恋一样。

后来，佳佳的几段感情也无疾而终。恋爱的时候，佳佳会全心全意地对男朋友好，却总是以受伤结束。遇见的男人越多，佳佳就越怀念阿宝。她有时候甚至觉得男人还不如小动物靠得住。这大概就是越来越多的人喜欢养宠物的原因吧。宠物能够和主人相依相守，愿意把所有的情感都倾注在主人身上，主人们也不必担心它们会背叛自己。但在与人的交往过程中，人们感受到更多的是失望与焦灼。

02

前些天，朋友小迪凭着工作上的出色表现，顺利拿到了一个重要项目。

正当小迪准备大施拳脚之际，办公室里却传出了她和老板有不正当关系的流言。流言轰动一时，甚至还传到了老板妻子的耳朵里，她还特地请小迪喝了一次下午茶。

小迪感觉特别委屈，她和老板之间就是单纯的上司和下属的关系，并非同事们所猜想的那样。可是谣言越传越凶，小迪深受困扰，每天只要一踏入办公室，就能察觉到同事们那异样而灼人的眼神。

面对这样的压力，小迪最终还是败下阵来，主动向人力部门递交了辞职申请。

离开公司后不久，小迪收到一个女同事发来的消息："谣言是我散播的。"这个女同事是当初和小迪同一批进公司的员工，和小迪一直很聊得来，小迪也会经常帮她带早餐、下午茶。没想到这个女同事因为不满小迪晋升得比自己快，就想方设法给她使绊子。她甚至大言不惭地对小迪说："我就是看不惯你长得比我好看，还那么优秀的样子。"

当小迪收到这条消息时，她感觉到后背一阵发凉，脑子里突然冒出了一句话："人心比鬼还可怕。"

她心疼的不是丢了工作，而是没想到人心会这么险恶。

03

听一个朋友说起自己之前读书时在快餐店兼职的经历。当时，快餐店老板为了节省经营成本，会向附近的屠宰场收购大量的病猪当食材。

每天清晨，朋友都会跟着老板到屠宰场清点猪肉，装车，然后把猪肉拉回到快餐店，再亲眼看着厨师把那批猪肉加工成快餐，出售给附近学校的学生。

那时候的他为了挣一个月几百块的工钱，对身边的学生隐瞒了这个事实。后来，他发现自己患上了猪肉恐惧症，一见到猪肉就反胃作呕。

朋友坦言，直到现在，每当他想起快餐店老板那一副利欲熏心的嘴脸，就会对人性感到失望。正如这么一句话："世上有两样东西不可直视，一是太阳，二是人心。"

04

你有没有经历过这样的一刻——对人性心生绝望？

人在某种意识的驱动之下，往往会做出很多令人意想不到的事情。可是，如果一个人缺失了最起码的道德与良知，那么他就不配为人。

正是因为见识过各种丑陋的恶行，你才会在心里不断告诫自己，永远不要失去做一个好人的觉悟。善与恶，往往只是一念之差，却能直接决定你将会走上哪一条道路，经历何种人生际遇，以及成为何种人。

你要明白，生来纯良，胸怀坦荡，从来不是伪装自己的一种手段，而是为了一辈子的心安。

放弃诱惑并不意味放弃追求

01

巧乐小时候长得像芭比娃娃,她坐在爸爸的自行车后座上外出时,有不少外国人想与她合影。进入青春期,巧乐的脸上长满了青春痘,这痘痘伴随她度过了最美的年纪——从16岁到25岁。

当然,即便长了痘痘,巧乐的明媚依旧难以遮掩,尤其是那一双美丽的大眼睛,透露着一种纯真。追求巧乐的人很多,但是巧乐似乎总沉浸在自己的世界里。她太爱看书了,对现实世界的男人总是带着一些隔阂。

我有时很为她担忧。毕竟她还是世俗凡人,总得面临恋爱、结婚、生子这些事情。巧乐25岁了还未谈恋爱,身边人都替她着急。

25岁之后,巧乐的脸庞开始变得光滑平整,她也自嘲道:"呵,青春的标志没有啦,老喽。"我看着经常在各个咖啡馆里读书的巧乐,心想:什么样的男人能驾驭得了她呢?

02

我的朋友力是个单身好青年,他最初见到巧乐时,目光就被巧乐吸引。可是几次接触后,他放弃了追逐。我问为什么。他说,巧乐是挺好的,对他也不错。可是对于一个男人来说,更愿意找一个美丽而没有太多思想的女人,巧乐太有思想,不好相处。

我听了他的话特别诧异,太有思想也是过错吗?

"她很小资,而我是个粗犷的男人。"

此时我虽不是特别明白男人们的想法,但是已经不止一个人跟我说过巧乐活得太理想,他们不敢追。

其实,巧乐只是注重精神生活。她喜欢看书、旅行以及健身。她会跟你谈政治、谈时尚、谈文学,但是她就是说不了生活中的柴米油盐。男人们看到的是这一面的她,但没有看到她吃地边摊、洗碗、扛桶装水的时候。他们想当然地认为巧乐的十指不沾阳春水。

03

巧乐曾经走在路上被人搭讪过,她自然没理对方。但不知怎的,对方以各种形式与巧乐邂逅,后来了解此男是一家集团公司的董事。巧乐与他吃了两次饭后,就不再和他来往了。我问为什么?她说他没有独立性。我说何以见得,她说他总是带着司机。她还不喜欢他总是说些吃喝玩乐的事情,一个男人,一天就只知道吃喝玩乐吗?

因为这件事,巧乐的妈妈恨铁不成钢:"闺女,吃喝玩乐不是人生最高级的追求吗?你拼死拼活奋斗了大半辈子还不是为了这个?"

"我不同意你的观点。"巧乐直摇头,也没给什么解释,就钻到自己房间里去读书了。

土豪看来是不入巧乐的眼了,接下来上场的是个有点儿品味的外企男。

这个男人穿得很低调,但衣服的质感很好。他每周一在本市开会,周二到周五飞不同城市,周末回来。他每次回来都会问巧乐这周读了什么书?巧乐感到有些压力,可是她又很喜欢这种感觉。

他似乎无所不能。当然这也许与他们之间7岁的年龄差有关。有那么一句古老的话:我吃的盐比你吃的米还多。

一切看起来都很好，外企男言辞间总是闪烁着暧昧，但就是不去表明心意。有那么一阵儿，巧乐也有些迷茫：他到底喜欢不喜欢我啊？

直到巧乐将思儿带到了外企男面前。

思儿是典型的物质女郎。你总能看到她在朋友圈里晒美照以及奢侈品，当然这一切都是来自男人的馈赠。思儿走的路线太"励志"了，从一个小小的汽车销售员，到劳斯莱斯的市场经理，每一步背后都少不了男人的帮助。如今思儿有了自己的房子及两辆车。

巧乐与思儿是小学同学，但长时间没联系过，巧乐只是在去赴外企男约会的路上，在公交站台等车时，一辆宝马停了下来，思儿摘掉墨镜眨了眨眼睛……巧乐就带着思儿去见了外企男。

之后就是狗血的结局了。外企男看到更美的思儿动了心，偷偷地要了思儿的微信号。而思儿本着让巧乐看清男人本质的心态，不动声色地与外企男联系了一阵儿，然后将这血淋淋的现实抛给了巧乐。

巧乐的小世界轰然而倒。难道选择注重精神生活的我，错了吗？巧乐看着情场上的"常胜将军"思儿不禁疑惑了……

04

很久以后，我在公交车站等车，看到一个美丽的姑娘从拥挤的公交车上下来，高跟鞋被挤掉了，她狼狈地蹲下身将它捡起来穿上，然后从包里掏出一张精致的餐巾纸，擦了擦上面的灰尘。

她将包往肩上一甩，手里拿着一本未拆封的书，是毛姆的《月亮与六便士》。她也看到了我，朝我打了个招呼。

我问她准备去哪？她刚说完回家，忽然转了个弯："不对，还是先去果蔬市场买半个西瓜吧，犒赏一下我自己，刚刚忍住没有打车，坐公交车回来的！"巧乐笑了笑走了。

我知道她的世界依旧平静。她还是没放弃自己的追求。

这种平淡生活，没有那么华丽，但是自己的选择，很多人一生都做不了或不敢做的选择。

我想送一句话给她：只愿你得偿所愿，好好生活，不要为思考所苦恼，更不要为求得某种理想状态而折磨自己。若有人爱你，请他真心对你。若他真心对你，请你好好珍惜。

一个人的伟大，并不是说为社会做了多大的贡献，或多么有成就，而是在面对诱惑的时候，要懂得放弃。放弃诱惑并不意味放弃追求，而是生命中有更加值得我们去追求的东西。

人生不能简省的三件事

01

吴伯凡在《青年人在快速变化的时代如何胜出》的专栏里说："年轻人应该适当地跳出自己的舒适区，多接触一些不同的生活。"

我原本是随遇而安的人，从未想过自己要成为什么人，做什么样的事。我总是见山过山，见水涉水，迈一步就走一步，特别害怕改变，一直追求稳定。

有过一些痛苦的经历，体验过风吹浪打，经历过伤痛，现在的我终于知道自己的问题出在哪儿了，没有高度，没有方法，没有方向。

这个世界每天都发生着巨大的变化，想保持稳定的步伐，永远生活在一个安逸的环境里，那是不可能的。

要像冲浪的人一样，跟随海浪变化但却可以凌驾于海浪之上，让海浪成为自己的助力，我们才能在真正变化中保持稳定。只有习惯跳出舒适区，才会获得源源不绝的灵感和机会，这个时代是注重人才的时代，不论你有什么背景，只论你有什么特长，有什么价值，有什么样的行为。

而想跳出舒适区，人生有三件事不能简省，那就是学习、旅行和锻炼。仔细想想，真的很赞同这种说法。我们可以住在小房子里，穿旧衣服，吃白粥素菜，但是有一些事情是不可以简省的，它关乎精神世界的快乐、幸福和成长。

02

第一件事就是学习。

微信朋友圈有一句话是这样解释"学习"的："年轻时，学习是为了理想，为了安定；中年时，学习是为了补充空洞的心灵；老年时，学习则是一种意境，慢慢品味，自乐其中。"

学习就是一种成长。但学习是需要付学费的，而且这种付费不像买东西时的等价交换。投入学习的钱，你不知道自己能学成什么样，也不清楚得到的回报究竟是什么，但学习了就是一种进步和成长。

我认识一个朋友，她来自一个贫穷的小县城，因为爱看韩剧,她决定学韩语。为了省出钱来,报一个韩语班,她吃了半年的馒头和咸菜。后来听说她在学校食堂帮忙洗碗,每天可以免费吃一顿饭,还有一些额外的收入,一万多元的韩语课程费,她努力地攒了一年,终于攒到了。

后来学校有一个机会,可以以"优秀学生代表"去韩国的大学交流一年,她凭借出色的韩语很快得到韩国招生工作人员的青睐,如愿去了韩国。

学习是实现梦想的阶梯。

其实有时我们选择学习,也许它暂时无法给你带来什么,但随着你的不断提升,你终究会在未来看见那个更好的自己,这是坚持学习的魅力。

第二件事情是旅行。

首先,旅行可以减缓生活和工作带来的压力,使身心得到彻底放松。

其次,旅行可以增长人的见识,能够看看外面的世界,看到一片更大的天空,能给人带来焕然一新的感觉。

然而我要说的是旅行和旅游不同,旅游只是简单的观光,没有太多感触,花钱去观赏美景、品尝美食,回来之后便只有那些照片证明你去过那个地方。

旅行就不一样,它是一种心的旅行,去感受那里的山和水,美丽建筑的故事,去感受那个地方的人文风情,体验和感悟不一样的人生。

最后,旅行可以让我们交到志同道合的好朋友。因为在旅行之中,我们可以真切地感受到彼此的三观是否契合。即使成不了要好的朋友,路上的那些欢声笑语和共同游玩的经历,也是一辈子美好的回忆。

读万卷书,行万里路。旅行就是我们将所学的知识和见解在旅行中感悟,从而让我们拥有不一样的心态、行为和可能。

第三件事是运动。

健康的重要性,每一个人都心知肚明,没有了健康的身体就等于没有了一切。有一句话说得好:"留得青山在,不怕没柴烧。"这里的"青山"指的就是健康的身体,所以保护好我们的身体,是我们更好地活在这个世界上的保障。而坚持运动又是健康的保障。

运动会改善你的心情。度过了紧张忙碌的一天,你想消耗掉多余的能量吗?去做个运动或悠闲地散个步会帮助你冷静下来。运动可以刺激大脑产生多种化学物质,这些化学物质会让你感到快乐和轻松。

要是你定期地进行运动,你会变得更漂亮,心情会更舒畅。定期运动可以增强你的自信心和自尊心,减少焦虑。

我们总是苦恼没有太多的时间来做运动。其实走楼梯，在午饭后休息的时候去散散步都是很好的运动。只要你有运动的意识，随时都可以运动。

我的好朋友坚持练了十年的瑜伽，她以前坐车几分钟就会晕车，现在我们去旅游，她一点晕车的迹象都没有了，她的身材还很苗条，许多小姑娘都比不过她。每次出门，不认识的人都会以为她还没有结婚，其实她已经是两个孩子的妈妈了。

她以身传教，给我们做了一个好榜样。不管这个世界如何变化，不管我们现在过得多么拮据，我们的人生有三件事不能简省：学习、旅行、锻炼。因为这是我们打开心门的钥匙，是看世界的路。

水远山长，未来可期，你怕什么来不及

01

师姐荣是财经系的美女，头脑灵光，情商极高，杀伐决断，特别有魄力，还担任过学生会的部长。

记得大学刚毕业时，她踌躇满志，跟一家银行签了约，只身一人南下到了广东某个地级市，想闯荡出一番事业。

我还记得她跟我说起银行行长时的意气风发，一脸向往地说："以后，我要坐他的位置。"

但我们都知道，这谈何容易。我和她都非本地人，一听不懂广东话，二无亲无故，三无贵人提携，四无后台照应。在人生地不熟的南方小城，连生存都是个问题，更遑论发展。

师姐虽然进了梦寐以求的银行系统，也不过是信贷科的一

个小业务员，风里来雨里去，拉存款，放贷款。而且，还有一年的试用期，要跟同时进银行的八个本地人同指标考核，争两个留下来的名额。

我和她曾在一起住过三年。那三年，我太了解她是怎么过的了：不仅工作不分白天和黑夜，还没有节假日和周末。有时等客户到很晚，有时还要请人家吃饭，不会喝酒也要装作会喝酒的样子，喝多了跑到厕所去吐，吐完了继续喝；时不时还会遇到一些心怀不轨想占便宜的人。

那时候，她存款业绩不行，放贷质量不佳，约见客户失败，任何一项都可能是压死骆驼的最后一根稻草。

曾有无数次，她绝望地大哭，想要放弃，但又一次次坚强地挺了过来。当时，跟她同时进来的几个人，都因为受不了信贷部的压力，或者找关系调去了别的部门，或者干脆辞职。但好在，她常常鼓励自己，要想成功就得慢慢来。

只有她，用自己的勇气、智慧，还有耐心，一路披荆斩棘，惊险地走了过来。

信贷部虽然压力大，却是最能考验人和磨炼人的，如果你能坚持下来，而且业绩越来越好，那就证明你是干大事的人。师姐就是这样，她不仅顺利晋级，而且后来不断升职加薪，在大学期间锻炼出的能力一点都没有浪费。

如今，她已经实现了当初的理想，成了分行的行长。这一切，都是因为她有足够的耐心和毅力。

02

跟荣同时签约进入银行的还有一个女孩阿雯。

阿雯是当地人，父母都在当地政府部门任职，特别有优越感。

听说要和九个人共同竞争两个名额时，她对其他人不屑一顾，一副胜券在握的样子。

她管外来的女性叫"北妹"，言语间带着轻蔑。她跟老员工打得火热，用广东话讽刺"北妹"："还想跟当地人竞争，简直是自不量力。"

刚开始，荣听不懂，后来，荣听懂了，她极度反感这一称谓，发誓要让她看看到底谁才能笑到最后。

初入行时，阿雯的业绩一直遥遥领先，被领导所赏识。原因不说大家也知道，都是凭借她父母的关系拉来的贷款。但是，慢慢地，阿雯的业绩就降了下来。因为她不肯出去跑业务，每天只是打着跑业务的幌子到处玩儿。所以，她只有父母介绍的老客户，却没有自己拉来的新客户。后来，看到其他人因为承受不住压力而纷纷辞职，只剩下三个人时，她还是信心满满，觉得自己一定能留下。

荣的业绩一直稳定上升，虽然有老客户流失，但同时也不断有新客户加进来。如果说阿雯的客户群是一潭死水，那么荣的客户群就是一眼活泉。

离年终考核还有两个月的时间，一个外地企业家看到了荣的努力，被她感动，存了一大笔钱进来。荣的业绩一下就超过了阿雯。

主管宣布当月业绩排名时，好强的阿雯有些气急败坏，当场就宣布辞职。荣直接胜出。

03

记得多年前看过电视剧《康熙王朝》，其中有一场戏让我印象很深刻。

康熙十四岁亲政，十六岁扳倒鳌拜，可谓少年得志，雄心万丈。他认为"三藩"的割据势力严重威胁到清王朝的集权统治。如果不能削藩，那么他今后对国家的规划就没法开展，尤其是平西王吴三桂，不仅选官纳税不向朝廷汇报，而且每年还要向朝廷索要大批军饷物资。

康熙找到他的皇祖母孝庄太后，告诉她自己计划铲除"三藩"，强化中央政府的统治时，却遭到了孝庄太后的强烈反对。

孝庄太后告诉他："我知道你有雄心，但是雄心的一半是耐心。"孝庄太后害怕吗？不是！而是时机尚未成熟，康熙的位置还没坐稳。他低估了吴三桂的实力跟野心，一旦宣布削藩，那么吴三桂必反，以其为首的"三藩"战力之强绝非康熙所能想象。孝庄太后劝阻后，康熙虽然心有不甘，但是谨遵教诲，不再轻举妄动。

康熙二十岁时，平南王尚可喜请求归老辽东，留其子尚之信继续镇守广东，这引发了清廷是否撤藩的激烈争论。最后康熙认为"藩镇久握重兵，势成尾大，非国家利"，决定下令撤藩。

随后，他用了八年的时间，才正式平定"三藩"，解除了政治危机。

若康熙没有听从孝庄太后的意见，而是意气用事，提前削"三藩"，相信结局并不是现在这样。

耐心，就是静静地等待一朵花盛开，等待雨后的彩虹出现，等你的梦想成真。就好比，你种下一颗种子，要不停地浇水、施肥，耐心地等着它生根、发芽，长成参天大树。

很多时候，光有雄心还不够，你还得有耐心。

第二章

唯有义无反顾，
才能勇往直前

我们能做的，就是向前一步

01

这是一个陌生人的故事。说得准确点，是一个陌生人对我的启发。

这是一班末班车，载着一车忙碌了一天的人。此时，一个陌生男人的手机响了，他的声音不大，但我依然能听清他的言语，因为车厢太安静了。

"对，我现在的工作是需要从东郊到西郊，人嘛，折腾不死的，我还年轻。"

"跳槽？现在我才毕业两年，资历不够，还是先踏踏实实积累经验吧。"

"我还是一个人，其实没什么要求，两人相互取暖就好。"

"哥们儿你好好的，怎么就不知足？你媳妇一毕业就跟你结婚，还给你生了个娃，你现在说生活无聊，赶紧去赚奶粉钱吧。"

　　从他的碎片化语言里，我大概了解了他的情况：无对象，无存款，无背景，他是我们这个"钢筋森林"里最平凡的那种人之一。

　　由于职业关系，我能接触许多格调略高的人，他们精致又健谈，从资本热钱到与知名人物见过面，一切都如泡沫般美丽。然后我看到他们为了利益互相利用，却美其名曰资源整合；为了权力而背后拆台，对感情不负责……只因他们是精英，所以整个世界都要为他们让步。

　　可是，生活其实很简单。一个人在什么都没有的时候，反而能发现灵魂的所在。工作劳累，没关系，我还年轻；没有升职加薪，可能是我的才华还撑不起野心，所以要踏实；美好的恋情是锦上添花的事情，而我在做好自己的时候，需要等待……请记住自己拥有什么，要珍惜什么。

02

　　有人说很羡慕我，有人说我很糊涂，有人说我像向日葵，这些言语都不矛盾，反而具有一致性。时至今日，我依然没有房、车、奢侈品。只是在成长的过程中，慢慢清楚自己过去错在哪儿，现在要舍弃什么，坚持什么。

依然清楚记得，在高考结束填报志愿的时候，父亲将我报的"汉语言文学"专业改成了"会计"专业，原因是会计专业好就业，即使我对数字很不敏感。依稀记得当时的我，赌气暗想：好啊，改就改，以后你要对我的未来负责。

可是即使是亲人，谁又能对谁负责呢？只有自己能对自己负责。于是磕磕绊绊走过这么多年，自己确实碰了不少壁，慢慢地发现，我有了反叛精神。大家都走的路并不一定适合我。现如今我们应该庆幸，因为我们有了选择权。

这些年过去，有了自己的一套价值观，这就是最好的财富。

他们说我糊涂，因为有些机会明明可以迅速变现，但我放弃了；他们说我当不了官，因为我无法做到喜怒不形于色；他们说羡慕我，因为我始终在过自己想过的生活；他们还说我是向日葵，因为我跟大家谈天说地的时候，没有抱怨的话，只是分享美好。

03

有些人，初看眉目很平淡，一说起话来，仿佛有魔力加身，哪怕是模糊了面容也有种朦胧美。晴悦就是这样的女人。有人的地方就有热闹，有女人的地方就有战场。每一次，晴悦都是组织战场的女人，她总是能将各色美女聚集到一起，大家互相打量一番，继而开始内心波澜——这个世界，美女层出不穷。

而晴悦，在这群美女中，属于最普通的，却男人缘、女人缘都很好。大S曾经说过，一个女人，有许多同性朋友，那么她心地善良；有许多异性朋友，那么她魅力十足；有许多同性、异性的朋友，那么世界和平。

晴悦是个有故事的女人。

28岁的她，离过婚，两年前从云南来到这里，只有一张播音主持专业的大学文凭。前夫时不时地向她要钱，她不敢告知家人自己离婚了，一个人扛着，租房，找工作，随即开始打拼的生活。

她做了一个小小的策划，每天加班加点。周末还要坐火车去另一个城市教一个艺术专业的高三学生播音朗读，然后在周日再赶火车回到西安，只为赚那三百元钱。

感情前途未知，别人听她离过婚都惊恐而去，而她自己也一直很自卑。

她说，在艺术院校上学时，那里美女如云，她曾想过去整容，可是没有钱。而后选择了一个长得像韩国明星的老公结婚，她付出所有，却得到被出轨的结果。

"那你后来怎么办？"我问晴悦。

"后来我就什么都不去想了。努力工作，直到成功策划了公司的年会活动，拿到了公司最高策划奖。有人对我说，你长得很有气质。后来，日子好像慢慢变好了。我努力并且谦卑，大家好像都喜欢和我待在一起。可是我依然为自己的相貌感到自卑，但他们都说，你长得很好看啊！

"直到有一次我去谈项目，与甲方公司老总闲谈，说到女人的美貌时，那位老总说：'在职场上，女人的美貌只有一个作用，就是会让人对你有点儿耐心。你工作没做好，那给你点儿时间学；你不懂沟通、不会处理人际关系，给你点儿时间表现和改变。可是，时间有限，当期限到来的时候，你依旧没有改观，那么对不起，你只能走人了。'我第一次听到这个理论，内心很是震撼。然后老总继续说：'就拿你来跟我谈项目来说，可能我只给你五分钟的时间，但在这五分钟内我听明白了，知道了核心的东西，我就很愿意听下去。你自身的东西增加了我的耐心，这些无关美貌。而是因为某些观念产生共鸣，我会对和我相似的人产生好感，自然也觉得你长得还不错。'"

美貌真的能当饭吃吗？在人类社会，是可以的。别觉得不公平。但是你要记住，没有美貌，也可以有饭吃。只要你默默地努力，就会有收获，会获得别人对你的耐心及认同。

一切都需要耐心地等待。

以上是三个不同的故事，看似没什么关联，但它们蕴含了同一个道理：如果想飞起来的话，只有一腔孤勇是不够的。我们得停下来，放空自己，等风来。无论是东风还是西风，做你自己，默默努力，会得到自己想要的。

你受的苦将照亮你的路

01

前段时间我在书上看到一句话：生活的累，一小半源于生存，一大半源于攀比。我深以为然。

有一次，我所在的部门为了赶业绩而安排了调休，上班那天是星期日。早上我六点起床，做了早餐，然后马不停蹄地赶到公司。打开了电脑，看到部门聊天群里很热闹，"星期天还要上班，真不爽""隔壁公司今天压根没人上班，同样一栋楼，两种待遇，太不公平了""好想不上班也有工资拿，这种苦日子什么时候才能到头啊"……各种抱怨声不绝于耳。

这种状况让我想起了十年前的自己。

十年前，我在西安拿着几百块钱的工资，租住在城中村的民房里，每月租金一百块，房间里除了一张床，什么都没有，夏天热得要死，冬天冷得要死。

当时工作的那家公司很小，一共就六七个人，但是杂事特别多，周末还只是单休。就这仅有的一天休息时间，还经常要加班。每次加班，看到写字楼里空荡荡的，我也会有怨念，抱怨我的命为什么这么苦，为什么碰不到一份好工作。

那时我的一个姐妹，每周双休，节假日准时放假，工资是我的好几倍，还有各种福利，每次看到她出去逛街购物，我都会觉得很沮丧，心理落差极大，抱怨生活为什么对自己如此苛刻。

下印刷厂更让我苦不堪言。印刷厂在郊区，我要倒好几次公交车，来回一趟就是一整天。站在人烟稀少的郊区站台上，满目疮痍，眼前净是灰突突的、破败的荒凉，看着来来往往的陌生人以及杂乱不堪的民房，我叹息、迷茫、不知所措，一次次扪心自问："这样的生活你还打算过多久？你什么时候才有能力换一家待遇好点的公司？"

我不知道。

我只知道如果我不加班，就会丢掉这份工作，就无法在这座城市生活下去。虽然只有几百块的工资，却足以满足我在西安最低的生活需求。对于我这种无需验证的资深失败者来说，对于生活里的各种糟心事，除了忍受，再无他路。

既然如此，我只能改变自己的心态。我要克服自己以前拖延的毛病，想办法整理自己的工作资料，并保障正常工作圆满完成。于是我根据每天的工作给自己制定了一个计划，不太忙的时候，我把公司所有资料统一归类整理，用了大概一个月的时间，使得公司原来杂乱无章的资料库井然有序。

改变之后效果还不错，我再也不用在休息的时候接到印刷厂的电话，也不用担心周日主管给我打电话说有个方案急用，因为我会告诉他们我在周六之前已经准备妥当。

我把每一次的颠沛和苦难都当作人生的历练，都当成美景去欣赏。我从不质疑生活为什么这么苦，因为生活的本质就是苦的，只有你把它过甜了，它才会温柔对你。承认生活的本质是苦的，不去质疑，不去怨愤，无论是对自己还是对他人都是有益处的，所有负面的情绪只会让你在虚妄中消耗宝贵的时间和精力，除了让你的生活和工作继续腐烂外，毫无用处。

02

生活在这个世界里，每个人都要承受不同的痛苦，不管你是富人还是穷人，男人还是女人，老人还是小孩，都不可避免地承受着病痛的折磨，恐惧死亡，爱别离，求不得，怨憎会。我们本身还有各种偏执，对是非对错的执拗，对爱恨情仇的羁绊，对得失的纠结，对他人或自我过度完美主义的苛求，这些都是生活给我们的无法逃避的虚妄，这也是上苍对所有人最公平的地方。

对于当下的一些小青年们来说，物质上的苦痛基本已经没有了，更多的苦来自精神上的自我催眠。社会飞速发展的同时带给我们的是更多的困惑与迷茫，以自我感受为中心的自觉或不自觉的排外，让太多的人缺乏一种直面现实生活的勇气。每个人都给自己虚构了一个世界，造了一座玻璃房子，静静地住在里面。外界的任何风吹草动都会引起我们的强烈反应，原本很正常的失败和一丁点的付出都被放大成难以名状的委屈。

我们每个人都在苦与累的纠缠之中逐步向前，其实正是因为这些苦和累才激发我们去改变命运、改变现状。既然眼前的一切无法逃避，那就要学会给自己加油打气，受挫时告诉自己微笑面对，失败时鼓励自己，孤独时温暖自己。心里轻盈，我们的步子才能快起来，早早离开当下的泥沼，走上康庄大道。

令人"空虚寂寞冷"的并非是财富的失去或者是一时的失败，而是你没有真正付出过积极的努力。一夜暴富或者不劳而获，只会让人昏了头，失去理智和真心，大肆挥霍以弥补之前的贫穷困苦，可是当这种狂喜逐渐冷却，随之而生的便是失落和寂寞。没有一步一个脚印地坚持，你就感受不到生命的跳动。

我们不要嫉恨别人有个好起点，比我们更容易成功，当所有的抱怨都徒劳无功时，我们就需要调整自己的心态。不能改变别人时，我们改变自己。生活这袭华美的衣袍沾满了虱子，接受生活的不容易，离开我们虚构的那个世界，赤裸裸地与真实相对。也许真实并不那么美妙，可也只有生活在真实中，我们才能更加丰盈。

我们不必羡慕任何人，暂时的失败并不可怕，只要脚踏实地，只要我们付出劳动，并以正当的手法慢慢积累，就能感受到生命切实的厚重，就能睡得安稳，出则神清气爽，入则笑声朗朗，这样的人生就是富有而甜美的。

二十多岁的时候，我满心惆怅，心想自己会不会就这样一辈子赤贫下去，现在想来是自己多虑了。苦是人生的本质，只要你扛过去了，甜甜的生活总有一天会悄悄来到你面前。如果图一时的安逸而选择逃避，这苦永远都会在那里等你，终有一天，它会让你避无可避。

愿你我都能承认生活的苦，并坦然面对它。

唯有义无反顾,才能勇往直前

01

经过我的观察,那些没有目标的人,往往比那些目标坚定的人更容易感到疲惫。

后者往往是一天工作十二个小时都少有抱怨,前者却明明还没多努力,就感叹生活不易,前路艰难。

我想这大概是因为,他们没有选择自己真正想走的路,才会特别容易觉得"不值得"。

年轻的时候往往太理想化,总想把自己所有擅长的事情都做一遍,好有向别人炫耀的资本。

慢慢长大却发现,即使一件事你可以做到一百二十分,它也未必是你想要的;而另一件事你只做到八十分,若放弃了,便会永远不快乐。

爱情，梦想，都是太感性的东西，没法用回报来衡量。

但最后往往也正是这些义无反顾的勇气，才为我们带来了最好的惊喜。

唯有义无反顾，才能一往直前。

02

无论胸怀多少远大的梦想，最终也要落在每一步的努力上。

可是努力谈何容易？人都会有惰性，这惰性往往体现在一些小事上：

早晨离不开被窝，饭桌上放不下筷子，行动时迈不动脚步，该有所作为时施展不开拳脚。

你可以被这惰性困住一下子，甚至一阵子，但绝不能被困住太久。

太久都叫不醒你的，一定不是真正的梦想。

我的书桌上曾经贴着一句话："你总幻想自己会做一番大事让所有人跌破眼镜，可事实是你连早点儿起床都做不到。"

那是我最颓废的时候写给自己的，想要警示自己。

但到后来真的认定想要为之努力的梦想，不用任何话语激励，拼起来谁都叫不了停，有事儿惦记着睡觉都睡不安稳。

努力看书、写文章的时候，每天都在不停地阅读和敲打键盘，几乎连续一个月没有充足的时间去吃饭和睡觉。

周围有朋友劝我："为什么要这么着急？我们还年轻。"

可是我没有办法停止。我怕每天自己如果不够努力，梦想就会离我远一点。我怕这样盖着被子睡了一夜，我的灵感就会少一些。

我不敢停止，更不想停止。因为我知道，我幸运地走在一条正确的路上。

03

这样停不下来的例子还有太多。

我认识的一个男生，高中时候成绩不错，结果高考失利，去了一个三本学校。

浑浑噩噩过了三年多，突然觉醒自己不想过得这样混下去了，他一刻不停地努力着，迫切地想要让自己变优秀。

他选择了一座名校的顶尖专业考研。跨学校跨考区又跨专业，大家都说难度太大，他却像打了鸡血一样只知道往前拼。

一开始太久没学习不习惯，总是坐不住，想站起来去教室外面透透气。

他一咬牙，索性在学校后面的工地上拿了四块砖头，绑在自己鞋带两边，想从桌子前站起来时就会连脚都抬不起。

还有一个学姐，机械专业出身，毕业后却找了一份梦寐以求的咨询工作。

刚进公司时什么都不懂，跟客户聊几句就卡住，每个细小的事情都要问同事，人家觉得烦，都懒得给她解释。

于是她每天把遇见的问题都记下来，晚上回到狭小的出租屋里，翻看买来的书，打开电脑一个个问题找答案。一开始时常弄到凌晨三四点，早上七点钟又准时去上班。

就这样度过了惨不忍睹的三个月，最后却奇迹般地拿下了一单重要的生意，在公司里也迅速站稳了脚跟。

那些在你看来毫不费力却优秀无比的人，其实没有一个人不是非常努力的。

每一段不为人知的辛酸过后，都会收获意想不到的惊喜。

假如你不去奋斗，便永远不会知道自己可以做到多好。

最精彩的那个自己，永远在下一站等着你。

04

当你真正渴望到达一个地方的时候，你会开始拼命努力，根本没有时间思考其他。

"青春为什么这么短暂？！"

这往往是我在赖床时候抱着被子嚷嚷的话。

"所以才要更加努力,赶快做完必须做的事,然后去做自己真正想做的事情呀!"

这是我起床开始新的一天时,自己给自己的回答。

生命中需要那么一种纯粹的勇敢,去灌溉你心里最美的那朵玫瑰花。

不断向前奔跑的努力,听上去或许很辛苦,可等到你真正找到了这种值得为之勇敢的梦想,你只会觉得这持续的努力是种莫大的快乐,甚至幸运。

世界很大,我们却很渺小。我们很渺小,理想却很伟大。

想要获得满满的快乐,就请你找到那个真正的目标,让它赋予你最坚强的勇敢。

向着你最爱的地方奔跑吧。你会发觉快乐与幸福其实都很简单。我们会觉得焦灼痛苦,往往是因为我们追求的是"比别人更好",而不是"比昨天的自己"更好。

就算生活中有失落,但只要有所收获,便是值得庆贺的一天。只要一直在出发,在崭新的每一刻里,你会不断发现自己更加精彩的可能。

曾经的你在远方,最好的你在路上。

不要限制自己的脚步

01

人生最大的自由是，不要太在乎别人对你的评价。人群是熙熙攘攘的，言论是沸沸扬扬的，只要我们向着美好前行，就一定不会错过每一道风景……

有一次，我接受了一个电台的访问。上节目前，主持人波波姐在新浪微博上给我做预热宣传，说我是撰稿人、作词人。

很快，就到了约定的时间。波波姐很热情，节目开始前还播了一首我作词的古风歌曲。

我和波波姐没见过面，只是通过电话聊天，可我知道，我们应该是一路人。

做完节目后，波波姐还打电话跟我闲聊了几句。

"你的简介真长啊，身份也有好多种。"波波姐笑着说。

"让你读累了吧。"我当即调侃道。

"哈哈，我只是没想到写心灵励志类书籍的作者居然能写古风的歌词，这反差真是有点大啊。"

"一般啦，都是爱好而已。"

"行，我该下班了，有空再聊，要加油哦。"

"嗯，波波姐再见。"

我其实不太认同一心一意做好一件事的这个说法。在我看来，一个人如果一生只能做好一件事，那这个人实在有点浪费自己的潜能。虽然我们不是伟人，但也千万不要轻视自己的能力。

02

刚开始写作的时候，我写的是武侠小说，后来还写过青春小说，再后来转成了心灵励志类。当我从武侠题材转写青春题材时，就有不少作者劝告我说，一个人不要那么三心二意，一会儿写这个一会儿写那个，那样你永远都不会成功的。

我看了很不服气，回了他们一段话："一个人如果不懂得尝试，又怎么会知道自己的潜能，又怎么会知道究竟什么最适合自己？还有，如果一个人只会一种技能，那么他很可能会被这个社会淘汰。"

有个作者反对我说:"什么都会,还要什么都拿手,你以为自己是神啊?"

我回复说:"那学校里那么多学霸是哪里来的?他们可都是每一科都接近满分啊。就算不是学霸的我们,各个学科也都及格了。不然怎么能毕业呢?"

那人看了之后,就再也没理我。

其实,我从来都没有想过以后会怎么样,只是觉得在有生之年,应该放手一搏,多尝试一些有兴趣的事罢了。

就像我以前出去吃烧烤,以为只有烤肉才是最好吃的,后来发现烤香蕉味道也很不错。就像现在的艺术家,已不单单局限于在纸上作画,有的画家用手来推沙,那一幅幅栩栩如生的沙面也令人颇感震撼。

所以,当我们在做一件事的时候,不如同时想一想我们还能不能做点别的……当然,想好之后你还要勇于尝试。

03

一个小型唱片公司的老板跟我签了几首歌曲的歌词版权。老板人很好,很健谈,也很随和。我很想请他吃顿饭,感谢他对我的认可和帮助,可他总是推说脱有事,不想让我破费。

那天,我在一家咖啡店里看到了这位老板,他身边放着一个大行李箱。我连忙过去跟他打招呼，他告诉我他准备去广州谈个项目。其间，他跟我讲了一下今后的合作方案和曲风定位，还说我现在写的歌词比以前进步多了。

我很高兴，告诉他我一直在不断地学习和改进。

老板走后，我就留在那儿继续喝咖啡，也想起了刚入词作圈的一些趣事。

写文章的时候，我经常听一些歌来调节情绪。我听的歌曲种类很杂，有一些知名歌手的单曲，也有一些原创歌曲，也经常会逛一些音乐网站，还认识了一些"90后"的音乐玩家。

有一次，专门做公益活动的紫色姐姐找到我，说他们公益团准备去走访革命老区，想举办一些爱心书屋的活动，要在现场播放一首简单的好听的公益原创歌曲。可是，她找不到人写歌词。

我了解后，对紫色姐姐的公益活动大为赞叹，也想出一份力，就跟她说："要不我试试吧。"紫色姐姐就说："好啊，一切贵在心意。"

晚上，我就根据这个公益活动的主题写了一段文字给紫色姐姐，紫色姐姐说还不错。

于是，我就找到了玩音乐的伙伴们帮忙。其中，有一个叫云的"90后"伙伴，做原创音乐有些年了。我跟他说了这个事情之后，他立马答应帮我们谱曲编曲并找人演唱。

不过，他看了我的歌词之后说："你写的这是诗歌吧……"

"呃……其实我也不知道歌词应该用什么格式，你教我一下吧。"

后来，云把格式给了我，还告诉我歌词是要分节拍的，要符合节奏，不是你想写几个字就写几个字的。云怕我不理解，还找来一首歌曲让我学习，说这首歌的歌词采用的是最基本的格式。

我突然发现，我们不用担心自己是个门外汉，或者在涉及一个新的领域时会有压力，只要我们肯用心去学、去思考，就会从门外走到门内。

就这样，我搭上了作词人的顺风车。

我作词的歌曲出来之后，我越发觉得文字很奇妙，图书是洋洋洒洒十多万字，而歌词却是简简单单的几十个字。即便字数上有着天壤之别，可是文字之间的情感却都是一样的真实。就此我也爱上了写词，它也丰富了我的生活。

04

一个化妆品行业的朋友说，她儿子上二年级，给儿子报了钢琴班后，儿子居然说还想学架子鼓。于是，她就批评儿子，说他一个还没学好呢，怎么又学另一个，真是三分钟热度。

我听后倒是觉得她儿子挺有想法的，有些孩子你给他报钢琴课他都不愿意上，根本不可能主动提出说还要学架子鼓。

所以，我在微信上问她："你儿子上钢琴课的时候认真吗？"

她说："还挺认真的，回家还会自己练习呢。"

"那不是很好吗？说明他很喜欢音乐，在音乐上是有天分的。他想学架子鼓，我觉得你应该让他去学，这两者并不冲突。"

"一下子学两个怎么能学得好？到时候两样都不精通怎么办，不行，不行。"

"学架子鼓的话，以后听节拍会很准，这对练习钢琴也是有帮助的。再说了，你儿子如果真的喜欢玩乐器，你不让他学，岂不是埋没了他的才华？"

朋友没回我。

几天后，她又突然在微信上联系我了，还发了一张她儿子上架子鼓课的照片给我。

我说："哟，样子不错，真帅！"

她回道："那天我儿子就是吵着要报名学架子鼓，我又想了想你的话，就给他报了，反正一节课也不是很贵。上了几堂课下来，他的节奏感确实好很多了，钢琴老师也说他现在弹奏曲子的时候节奏都很对。"

"这多好，男孩子多才多艺可有范儿了。"

"是啊，现在钢琴和架子鼓都会几个小曲了，过年的时候还表演给亲戚们听，看着可神气了。"

"你儿子将来没准可以混娱乐圈了。"

"哈哈，这倒不指望，能自娱自乐就行了。"

有时候我们真的不用把很多事情想得太复杂，只需听从内心的呼唤，去做自己想做的事就好。不必不停地问自己，我应该成为一个什么样的人，也不必担心别人的看法和一些无法预见的未来。信念和虚妄是不同的，前者会带给你成长和收获，后者只是教会你埋怨和懒惰。

选择一个感兴趣的事情放手去做吧，不要限制了自己向前的脚步……

世界有空搭理我吗

01

几年前，我们失恋、失业后，都喜欢去找夏夏。

不是说夏夏有多么善解人意，或有多成功，而是她总能冷静客观地给你的心灵扇个耳光。使本来就受伤的脆弱心灵，经她致命一击后奄奄一息，她说，这叫置之死地而后生。

人总是有点儿喜欢自讨没趣的。

夏夏总是在我们羡慕谁谁又嫁入豪门，谁谁谁又整容成功，谁谁谁谁靠老爹获得成功后，游魂般飘过来，轻描淡写地说："关你什么事啊？"

是啊，整个世界都与我们无关！因此，我们只要过好自己的小日子就可以了。

但是，我们做不到。我们还是会因为别人找了个好男友、别人更会投胎、别人获得女神称号而愤愤不平。

夏夏对这些八卦小道消息从来不感冒，她兀自野蛮生长着。只是在我们感叹生活不易后，轻描淡写地来句："生活的本质就是艰辛，如果你还在抱怨艰辛，说明你还没有习惯生活。"

是这样吗？

每次看到我们犹疑的目光，夏夏总会特别坚定地点头。

我们是初中同学，那时，夏夏一副假小子打扮，短发、宽大运动服，情窦初开的年纪，只能沉浸在漫画与考试里。学习成绩也很一般，一直上着普通学校。初中毕业后，我们每隔一年见一次面。

夏夏每个阶段都在变化。

高中的时候，她沉默寡言；大学的时候，她时尚、跋扈；上班前三年，她靓丽、自我；这几年，她低调、冷静。经历了一场又一场恋爱，尝试了一份又一份工作，后来渐渐变得娴静、温婉起来。

再后来，要知道她的消息就得看她的朋友圈了。如果说朋友圈是一个秀场，那么，夏夏绝对算得上拥有低调的奢华。无数人天天晒日常生活、晒孩子、晒旅游，夏夏却总是隔几个月才更新一次朋友圈，然后，我们这帮同学都傻了眼。

一次，她发了一张成绩单，业余赛车选手的成绩单。还附上了一句话：与第三名只差0.5秒。

这格调得有多高！我们都被惊到了。

02

这几年，夏夏已经在国外生活了，据说，她利用读书之便游遍了欧洲。

夏夏其实也工作了几年，当年，她执意要离开职场去考学时，我们都强烈地反对过，什么年龄就该做什么年龄的事，你都28岁了，还去考什么学？然而，夏夏却说："过十年再看现在的自己，傻啊，多年轻啊，怎么就那么轻易放弃了呢？"

然后，夏夏毅然辞掉一份很有前途的工作——领导明确表示过要重点培养夏夏。对于夏夏的离开，领导十分不解，他说夏夏不务正业，夏夏却说自己只是有理想。

夏夏瞒着家人去考英语。第一次的分数只够上香港的大学，只好再考一次，作为无业游民的她，瞒着家人，天天逗留在KFC等地学习，我们想想都觉得累。折腾了两三个月，终于啃下了英语这块难啃的骨头，有了游历美利坚的资格，从此，打工、上学、旅行、上学，过上了自己想要的生活。

她怎么可以这么勇敢？！

夏夏回国的时候，我去接的她。

她看起来又清瘦了许多,眉目间有些许疲倦,但是精气神很好。

我问夏夏将来的打算,她耸耸肩,表示随遇而安。然后,我小心翼翼地问起了她的感情生活。她迟疑了一会儿,道:"我向来不喜欢与人倾诉感情,怕麻烦别人,自己处理就好了。只是你想知道,我才说。这段感情,早已翻篇,说是感情,其实也不算,顶多只是彼此有情。"

她说:"在纽约这两年,我每天只睡4个小时。生活看似很辛苦,但内心却很充实。我妈说我不能吃苦,说我恋家。确实是,我曾经一周四天都在家待着。"

"人确实得学着长大。"

"虽然毕业于三流学院,无法找到很好的工作。但那时的我是自信的,我年轻、相貌也不错。没过多久,我就去了一家上市公司做营销。才发现,我只是这个团队里'花瓶'。在接待客户或举办大型活动时,我只是个装点门面的人,他们背地里叫我花瓶。"

"其实我是不在乎的,花瓶就花瓶嘛,又不是谁都有能耐当花瓶。"

"后来,我认识了一个人,他很优秀,我喜欢上了他,并且开始倒追他。但是他说,他不喜欢不聪明、不灵光的女孩。"

"我不甘心，想证明给他看我很聪明！于是看他看过的书；学他学过的东西；游历他走过的城市。身边的追求者换了一批又一批，但是，他依然不喜欢我。"

"我原来习惯了舒适的生活环境，从来不肯踏出一步。但是因为他，我学会了独立，学会了在不舒服的状态下，独自行走大江南北；学会了完成每周的读书计划；学会了与人沟通；学会了看透生活。再然后，我发现我为了他，已经四年没谈过恋爱了。"

"再次相遇，是在他陪未婚妻去取定制婚纱的时候。他看到了我，淡淡地打着招呼。我看向他旁边的女子，一脸富态，对他颐指气使，不可一世，而他却一副唯唯诺诺的样子。"

"我很不解，他淡淡地说：'生活很艰辛，要实现理想，有时要走捷径。'"

"那女孩的老爹，正是我曾经工作过的公司的大BOSS。"

夏夏说着说着笑了起来，眼角有些许鱼尾纹，不过，眼神还是很清亮。

"我就是个不撞南墙不回头的小孩，对吧？荒废了这么多年的大好时光。"夏夏说道。我开车看着远方："其实，是南墙你也要去撞，因为这就是你的选择啊！"

夏夏沉默了一会儿："是，我总是喜欢让自己处于不舒服的状态。我独自旅行，第一次尝试向陌生人寻求帮助，那时不是不怕；我辞掉工作去学习考试，那时候不是不恐慌；我拒绝领导，然后在纽约做保姆、做服务生，那时不是觉得自己不傻，可是过后我又为自己骄傲。这么多年了，我终于成长为了我。"

你是那个撞了南墙也不回头的人，但是，世界又能把你怎么样？

如果你够坚强，命运又能把你怎么样呢？你怎么想，你就怎么做，你怎么做，你就有什么样的结果。不想要飘摇的人生，就请沉默地坚定下去。

趁年轻，过不将就的生活

01

A小姐的英文名叫Alice，32岁，单身，资质平平。用她自己的话来说："蹉跎到现在，我谁都没对不起，就是对不起我爸妈。他们眼睁睁看着自己女儿两次相亲失败，心里多堵得慌啊！"

我们安慰说："别那么沮丧，下一个更好。"

A小姐嘿嘿一笑："是啊，我啊，就是太对得起自己了，所以才不愿意将就。"

A小姐从来没有将就过。

上中学的时候，我们忙着学习，谁也不愿分心花半点儿时间做别的事，只有她响应老师的号召，承担了教室后面的板报工作，又担任了劳动委员一职，每天提着水桶，把教室擦拭得干干净净的。她说自己打扫卫生、办板报都是为了释放压力。听完那套"弯腰扫地让我们学会谦卑，用彩笔画板报心情自然斑斓"的理论后，我们异口同声地说："高，您的思想境界真高！"

A小姐的不愿将就，还体现在高考结束后的择校上。

我们这种三线城市出来的学生，能考上大专就已经不错了，而她的成绩够上三本，望了望我们，她变得很沮丧。

我们接受了自己的成绩，挥一挥衣袖，去大学过轻松学习的生活了。而我们的A小姐居然选择了复读。她说："我不喜欢录取我的学校。"

02

上了大学后，我们打扮得明艳动人，不是逛街，就是参加社团活动，生活过得有滋有味。苦读的A小姐，脸上长满了痘痘。望着她桌上那一沓沓卷子，我们无奈地摇摇头说："A小姐啊，你就是喜欢活受罪。"

一年过去了，A小姐考上了本省的二本院校。

她还是没有去读，继续铆足了劲儿复读，终于，第三年，她考上了一所外省好大学。然而天有不测风云，她父亲摔了一跤，需要在家调养半年，而母亲身体一直不好。A小姐为了照顾父母，只好选择了本市的一所院校，这个院校可以提供奖学金，还可以免一年学费。

她笑笑说："哎呀，我就是想证明自己能行，谁会跟钱过不去呢。"

我们的生活也过得波澜起伏，遭遇被劈腿、考研失败、找工作困难等坎坷。A小姐说："不要灰心，这些只是阶段性的小失败，未来会很好的。"

再之后，我们在工作中学会了坚强，在恋爱中学会了成长，在泪水中邂逅了惊喜……生活从不给予我们平顺，但总会让我们有理由不放弃。

03

A小姐毕业后，工作很顺利，进入了一家上市企业，职位也扶摇直上。同时她也遇到了爱情，一个崇拜她的小男生成了她的男朋友。我们都不看好这段感情，A小姐却说，她很快乐，这样不就够了吗。

在她的引导下，小男孩成长很快，借着A小姐的人脉与金钱，自己开了家公司，三年之后，两人订了婚，一切看起来都很美好。只是，忽然某一天，A小姐看到未婚夫搂着另外一个女孩进了一家酒店。

我们为她不值，她付出了自己的青春、人脉、金钱以及感情，却换来了这样的结果。A小姐却淡淡地说："上天还是很爱我的啊，让我在结婚前就发现了欺骗，还好，不晚。我们每个人最终都会过得很好的。"

29岁那年，她又遇到了一段感情，男方是大学教师。

父母身体很健康，A小姐无甚牵挂，准备去海外留学，她希望自己的人生能在另一个地方翻篇儿。但在申请留学的期间，A小姐在书店邂逅了这个大学教师，为了守住这段感情，她放弃了海外留学申请。

在我们都很看好这段感情的时候，大学教师却莫名其妙地离开了A小姐。

我们让A小姐去他的学校里闹，A小姐幽幽地说："闹有什么用，他就是不想跟我好了啊。"

此时，我的朋友中，有人在闹离婚，有人事业不顺，有人与公婆不和，有人被孩子折磨得没了人样。A小姐铿锵有力地说："没关系，我们最终都会过得很好的。"

A小姐32岁这年，我们当中闹离婚的那位终于离了，她离开了让她糟心的男人，然后遇到了真爱，去新加坡当全职太太了；事业不顺的姑娘找到了适合自己的工作，日子过得有冲劲、有热情；被孩子折磨的太太看着孩子一天天长大，脸上虽然没有了美丽但却有了祥和。而我们的Ａ小姐说："我二十多岁的时候，有那么多的梦想，想上名校，想去海外看不同的风景，为什么我现在就没了呢？所以，我还是去上学吧。"

于是，32岁的Ａ小姐，辞去了还算不错的工作，给父母留下足够多的生活费后，去美国上ＭＢＡ了。异乡生活如何？有趣吗？Ａ小姐交到好朋友了吗？我们在地球这一端默默地关心着。她走了以后，我们才发现，没有她在的日子，其实是那么不习惯。以往总能听到她鸡汤式的言论，总能看到她遭遇挫折后，依然坚强。

34岁了，我们过得很是安稳。

此时，我们才明白，安稳才是上天对我们的眷顾。

04

感谢Ａ小姐，她曾对我们说："我们每个人都会过得很好。"

每个人的选择权，其实都在自己手上。我们感觉到的身体或心灵不适，其实是潜意识发出的暗号：快，快逃开。选择真正对的东西、对的事业、对的人，离开这些不对的事、不对的人。

一天，我和几个朋友一起喝下午茶时，大家的手机都"咚"的一下响了起来。

A小姐的头像亮了，她发来了电子喜帖，上面有她与她先生的照片，看起来是那么温馨。喜帖下面写道："嗨，我与我先生下个月回国开分公司，祝贺我们吧。"

　　是的，A小姐在纽约成立了一家小公司，她一边上学一边经营公司，在忙碌的时光里，她邂逅了她的先生。他们有共同的话题，有平等的人格，有不言自明的默契，连他们自己都惊叹上天奇妙的安排。

　　喜宴那天，我如约而至，只见A小姐光芒万丈，美丽自信，真是惊艳众人。

　　她先生温柔地将保温杯递给她，嘱咐她喝蜂蜜水时，说："我一直以为，自己再也遇不到好姑娘了，直到我去了地球的另一边。"A小姐"扑哧"一声笑了，她看看我们："瞧，又抢了我台词。"

　　我们也笑了，A小姐，你让我们相信了那句话：最终，我们都会过得很好。

　　很多事情可以将就，吃可以将就，坐可以将就，可是爱情，不可以将就，幸福，不可以将就，人生，更不可以将就。

我们绝不能被琐碎的生活禁锢

01

有一则让我印象很深刻的广告语：人生就像一场旅行，不必在乎目的地是哪里，真正需要在乎的是沿途的风景和看风景的心情。让心灵去旅行……

我第一次看到这则广告，突然被一种奇怪的感觉击中，就像遇到了危险，体内的肾上腺素大量激增时的自然反应。这种感觉又像在你半睡半醒之际，闹钟突然响了一样。

这一刻，我忽然感受到了自己的迷茫，原来我早就迷失在了别人认定的世界里。我需要一个暂停，我需要一个改变，我需要出去走走，我需要暂时逃离这按部就班的生活。

这段话开启了我尘封已久的初心和梦。它应该会让很多人有所感触：一种渴望出去走一走的心情油然而生。想起自己每一次在假期结束之时的那种心情，一步一回头地踏上归程时的五味杂陈，刚回办公室的前几天总是无心工作，回想着旅途中的每一处风景……

多么成功的文案啊！真的可以给繁忙而迷茫的人一些启示，让我们不由自主地问自己：我想过什么样的人生？

毕淑敏说："给自己一段温软的时光，让灵魂安静的绽放。"每个人的心底都有一个远方的梦，旅行最美妙的感觉就是它让我们触摸到了澄澈的梦。

02

总在一个环境里生活，容易让我们的世界越来越小。在其中浸泡久了，人也容易松垮灰暗。而经常换环境会让你的世界更加广阔，视野更加开朗。让你知道除了自己的生活方式之外，生活还有无数的形态。高山大川，江河湖海，让你不惧生死、襟怀豁达。

我想起了几年前那位老师的辞职信——世界那么大，我想去看看。

每个人的选择不同。那位老师说："我只是一个平凡的女子，想要用自己的目光去触摸世界，大概我拥有了世人缺乏的勇气，做到了常人做不到的一点，所以备受关注。我向往简单的生活，所以，敬请各位，不要再问，不要再提，只是个人行为，仅此而已。"

我并不是号召大家效仿她的行为，只是很欣赏她的生活态度。

诚如一位哲人所说："我们曾经如此渴望波澜，到最后才发现人生最美妙的风景，竟是内心的淡定与从容，我们曾如此期盼外界的认可，到最后才知道这是自己的事，与他人毫无关系。"

专注走脚下的路，找回内心的平静，不受别人脚步的影响，遵循自己的节奏，就会由累变成享受。

享受一切，享受快乐，享受简单，享受富有，享受拮据，享受相聚，享受别离……享受欣赏沿途风景时的心情！

生活步步紧逼，我们绝不能被琐碎的生活禁锢，试着让自己获得一些自由。

能够做到这些的都是用心对待自己的人。只有用心对待自己，才会获得希望和行动的力量。

不能把世界让给懒人

01

我有一个朋友小夏，经常能见到一些社会名流。她频频参加高端晚宴，出席各种高端峰会。在那些场合里，她穿着质地不错的礼服，手拿香槟，谈笑间尽显优雅自信。

然而在平常，她不过是个挤着地铁、吃着快餐，整天被会议及工作琐事包围的小白领而已。

这种上至天堂享受有钱人的待遇，下至地狱整日被房租困扰的日子，已经快把她折磨成人格分裂患者。

但她的工作就是如此。她是大公司的总裁秘书，这个工作就像是时尚杂志社的编辑，拿着三四千的工资，接触着身家上千万的人的生活。

她很崩溃，她发现自己已经27岁了，虽然这样的年龄在一线城市里，并不算大。因为工作调动，她现在变得清闲了，由年龄引发的对未来的恐惧，如影相随。

她回顾过去，手机里存着上千个老总、专家的电话，但没有任何意义。抛却总裁秘书这个身份，她不过是一个打工人，成功的不是她，而是她的老板，她只不过是个传话者。

因为每天工作很忙，她好久没有谈恋爱了。她总是在有限的时间里去和父母安排的人相亲，对方的谈吐和成熟度自然不能与她每日接触的成功人士相比，久而久之，她就耽搁到现在了。

我不过是个平凡人，生活水平没有达到开眼界的程度，还不如不让我看到，现在这个样子，很痛苦啊！"

我问她接下来有什么想法？她郁闷地说："我也不知道，每天过得浑浑噩噩的，看韩剧吃大餐，似乎将生活的乐趣都寄托在美食上了。"

我看着她略微鼓起的肚子，说不出什么话来——她过去从不会这么放纵自己，她曾是个对体重多么在意的女人啊！

也许一个人迷茫的时候，就会无所事事或不知所措。从心理学上讲，迷茫就是不知把精力用在什么地方。为什么年轻人特别容易迷茫？因为精力过剩。

她现在所在的部门是公司的边缘部门，我不知道究竟发生了什么让她被调下来，但她肯定地说，她对她的工作问心无愧。

我也知道她是个热爱工作的人，干的是领导安排的活儿，这让她多少缺失了一些主观思考。

很多人都遇到过这样的瓶颈，在二十几岁的时候，忽然遇到一些不可抗拒的因素，停滞了下来，回头望望，似乎什么也没得到。没有房、没有车、没有事业、没有爱情，任何一项，都会让人陷入不安与恐惧之中。

在我们周围，似乎三十岁之前还没闯荡出来什么名堂，就被定性为失败者。而女孩们在二十多岁时，不仅要搞定事业，还要搞定婚姻，否则即使活得再潇洒，也会被认为是逞强的"剩女"。

我以为她会逐渐走向这样的道路，谁料三年过后，她成为某港资商业购物中心的招商总经理。

再看见她，她既不是当总裁秘书时的过于消瘦，也不是调到别的部门时的微胖，她的身材变得很健康很匀称，有种美剧女主人公的阳光和健朗。

我讶异于她的神采奕奕。此时她已经不是单纯的"花瓶"，而是一个谈吐得体，有思想有内涵的优雅丽人。

02

时间真是一个魔术师，它总让人有无限感慨。

"我曾尝试与不喜欢的人约会，但他们真的不是我喜欢的类型，我无法想象与对方结婚是一个什么样的场景。也许我认为去星巴克喝咖啡很正常，但他认为我在花不该花的钱。也许我认为去看莫奈的巡回画展比跑大老远去吃一顿麻辣烫好太多，但他认为我不懂生活。最后我明白，我不能将就，不管我现在年龄有多大。如果我不喜欢我的工作，要么离开，要么闭嘴。"

"我选择了隐忍，用空余的时间重新学习。最后我花了一年考到了香港，去学商业运营。此后的两年间，我去各类品牌店打工赚学费。"

"那段日子苦吗？是有点儿。尤其我已经29岁了，但那又如何呢？那里没人认识我，我就是个普通人。后来研究生毕业，因为我熟悉各类品牌，又因为以前工作，所以对本市各方资源都比较了解，于是我被香港的公司聘请回这里。"

"哦，那你的个人问题呢？"

"看到那个小男生了吗？他在追我，比我小五岁，他是我在香港打工时认识的。他是我的超级大粉丝。"

我们没法评判一个人的选择，但努力会让你不那么迷茫与空虚。她就这样走出了自己的道路，找到了自己的独特价值，而我也因她想到了许许多多因为生活、年龄、爱情等拼杀出一条血路的女人。主持人李静曾在30岁的时候创办公司，一个女人去创业本身就很艰辛，但她坚持了下来。是大龄剩女又怎样呢？生活总要朝前看。努力不一定会立刻有好的结果，但一定会朝着一个好的方向发展。

如果此时的你正在迷茫或不知所措，希望这个故事能让你有一些力量，老天可不想把世界让给懒人哦！

人生处在低谷时的好处是：无论怎样努力，都是积极向上。你要坚信每天叫醒你的不是闹钟，而是心中的梦想。新的一天，你应该努力去超越的人，不是别人，而是昨天的自己。

第三章

所谓绝境,
不过是逼你
走正确的路

没有什么人生能够万无一失

01

朋友小沫,婚前老公许诺买套房子给她,于是她高高兴兴地结婚了。

婚后在她的百般催促下,房子终于买了,可房产证上写的却是老公姐姐的名字。这让小沫暴跳如雷,觉得自己上当受骗了,于是威胁她老公说,如果房本不改成她的名字,就离婚。一时间,好好的一个家庭,闹得鸡犬不宁。

如果你真的只是冲着别人的房子而结婚的,何不直接嫁个有车有房的人?既然你有这么明确的目的,也别怪人家不敢写你的名字,人家也得防备着点啊!

你想要买房子,为什么不能两个人一起奋斗呢?我国的婚姻法并没有规定男方必须买房子啊。当然,有能力买房子再好不过，如果暂时没能力，既然你选择了他，租房也未尝不可。谁说租房就不能好好过日子了？

两个人在一起，就要对彼此负责。如果一栋房子能概括你对幸福的所有定义，那么你也只能自求多福啦。

婚姻生活中，两个人承担的责任并不是依靠房子就能解决的，而是需要你成熟、强大起来。你只有把自己的生活过得好了，才能有对别人负责的能力，如果你一味地向外界寻求安全感，那很可能得不到自己想要的幸福。你要知道，即便结婚了，你也是一个独立的个体，不是放在房间里的宠物或者养在温室里的花朵，所以有没有房子并不是你选择结婚对象的唯一标准。

02

在电影《致我们终将逝去的青春》里，陈孝正说："我的人生是一栋只能建造一次的楼房，我必须让它精确无比，不能有一厘米差池——所以我太紧张，害怕踏空。"

这句话被现在很多年轻人引用，甚至作为人生的座右铭。然而人生并不是一栋只能建造一次的楼房，人生之所以这样精彩，就是因为它有无限可能，如果拿建造楼房来比喻自己人生的话，只会让你在得不到的时候暴跳如雷。

你以为你男朋友为你买了房子，你就遇到了一段好的姻缘；

你以为你上了几年大学，毕业后就一定能进入大公司工作；你以为所有的事情都会如想象中那般美满。可事实往往并非如此。

很多时候，我们都是眼睛长在头顶的怪物，常常错误地高估了自己，以为自己能得到所有人的喜爱，所有的人和物都会依着自己的性情。然而，你不过是这世间再普通不过的一个普通人，在与这世界的战斗中屡战屡败，而又屡败屡战。

一个姐妹离婚时跟我说："我以为像我这样通情达理又接受过高等教育的女人，一定能够处理好家庭关系，可事实证明我错了。"

所以，你要明白，不可能事事都如计划那般完美。你站在C点往A点走，你觉得一切都准确无误，可是最终你会发现你到达的是B点，这两点之间甚至差着十万八千里，有时候这就是人生。但是你付出的努力自己感受得到，这一路上你看到的风景也会让你开心不已，如果你再仔细感受，就会发现原来B点也有着独一无二的魅力，甚至比你想象的A点还要绚烂多姿。

就像我，虽然完成了自己的一些人生目标，可依旧要面对生活中很多的问题。白天工作，要应付很多突如其来的状况，晚上回到家差不多已经十点了，还得应付各种鸡毛蒜皮的家务，这些都和我曾经的设想有很多出入。

然而我明白，任何人的人生不一定都能有勾画的蓝图那般唯美。实际上，大多数人都不能按照自己的设想生活，如果你想幸福，那就要有一颗平和的心。面对现实与理想之间的差距，认识它，接受它，不气急败坏，也别怨天尤人。生活总有另一种惊喜，得与失，也从来都是相偎相依。

03

果壳网创始人姬十三说："梦想就像上厕所忘记带纸，这辈子遇到的次数有限，但真遇到时，发现能帮助你的人也很有限。逼急无奈，也总能找到办法解决，关键看决心。"

人生也是这样。你永远不知道明天在哪里，会发生什么样的事，即使规划好了一切，并为之不懈努力，也不能保证一切与预期全然吻合。但你付出的努力越多，收获也就越多；你准备得越充分，幸运就离你越近，这是任谁都改变不了的事实。

人生是一场又一场屡败屡战的战役，你要不断地退让和妥协，又要不停地战斗。我们要允许自己的人生有所偏差，只要不是大的错误，都不必太过在意，不然所有的负能量都压在心头，总有一天会崩盘。

不要活在别人的眼光里，也不要败给自己的盲目自大，做一个努力的普通人，一边奋斗，一边享受生活。如果生活不能温柔以对，那么我们就要对自己更好一点。

没有经历过贫穷，不足以谈人生

01

知乎上有一个提问：有哪一瞬间你感觉自己特别穷？

有一位知乎网友讲述了自己的一次经历，几年前，他在登机口排队的时候遇到一个姑娘，两人相谈甚欢。后来，两人登机，姑娘坐的是头等舱，而他坐的是经济舱的最后一排。下机后，他原本想找姑娘再聊聊，却发现姑娘压根儿不再理会他，头也不回地走了。那一刻，他觉得自己特别穷。他深刻地感受到自己和姑娘之间，存在着一个无法跨越的阶层。

我的朋友大彭也有过相似的境遇。我认识他好几年了，一直都没见他谈过恋爱。有一次，我俩一块喝酒，他对我说了实话，他说他并不是不想谈恋爱，而是谈不起。

大彭是一个普通的程序员，独自一人在异乡上班，拿着一份只够养活自己的工资。即使遇到了心仪的姑娘,他也不敢追求。他害怕自己给不了她未来,让人家跟着自己受苦。

最近,单位来了一个女实习生,长得好看,打扮得也精致,大彭第一眼就被她迷住了。从同事口中得知,姑娘是某个房地产公司老总的千金,上下班开着汽车代步。纵使大彭有一米八九的身高,在姑娘面前也感觉自己瞬间矮了一截。他因自卑而感到失落,更别提主动追求了。

曾经看到过这样一句话:女人的黄金年龄很短,只有22岁到26岁的几年时间;男人就不一样,30岁甚至40岁都还不错。但其实,男人的黄金年龄更短,只有16岁到18岁这几年,这段时期的他们,长得帅会有人喜欢,打球厉害会有人喜欢,学习成绩优异会有人喜欢,玩乐器会有人喜欢,但到了30岁以后,只要他一事无成,就很少会有人喜欢了。

这戳中了多少男人的痛点!更可怕的是,当你发现自己努力的天花板仅仅是别人的起点,贫富差距所带来的那种无力感,会让你深陷难过和沮丧中,甚至对生活失去信心,颓废无比。

02

有位读者曾经跟我讲过她的故事。

毕业以后,她独自一人去了北京,成了北漂一族。在面试了许多次之后,最终被一家保健品销售公司录用,岗位是售后客服。她每天要打两百多通回访电话,打得自己都麻木了。每个月领着微薄的薪水,交了房租,充了饭卡和公交卡以后所剩无几。有时候,她连同事结婚的份子钱都拿不出来,甚至还要硬着头皮打电话跟父母要一些。

  有一次,她在车站等车,包里的手机被人偷走了。发了工资后,她第一时间买了一部新手机,这时卡里只剩下200元。为了不让家人担心,她并没有把这件事告诉父母。那个月,她每天靠吃泡面充饥,日子过得紧巴苦涩。她在北京上了好几年班了,到现在也只能勉强地维持生活,没有任何积蓄。她坦言自己并不喜欢这份工作,却又害怕裸辞之后断了收入,只能熬一天算一天。

  每次,她刷着朋友圈,看到那些买房,换新车,或去国外旅游的朋友,都会羡慕不已。这样的对比,让她察觉到自己和别人的差距究竟有多大。

03

  有一次,约一位医生朋友吃韩式烤肉。约定时间过了半小时,他才匆匆赶到餐厅,刚坐下就连声抱歉,说自己是因为处理医院里的一个突发事件耽误了时间。

作为一名作者,我好奇心大发,向朋友询问事件的过程。

朋友说,前些天从急诊室转过来一个男病患,患有严重的胃病,吃不进去任何东西,一吃就吐,严重时还会吐出血块。他检查后,发现病人的胃里面长了一颗肿瘤。这并不是什么致命的病,通过手术完全可以解决,手术费用大概六七万元。病人是从农村过来的,家属一下子拿不出这么多钱,只能把病人接回去另想办法。一个礼拜之后,家属东拼西凑,总算把手术费凑齐了,又把病人送了过来。可是,他已经耽误了最佳的治疗时间。眼看着一条鲜活的生命就这么消逝,作为医生的他们无力回天。家属们情绪崩溃,失声痛哭。

朋友说:"这种因为缺钱而耽误了病情的事情,在医院里几乎每天都能看到。"

真正的贫穷,是失去了抵御风险和病痛的能力,甚至连自己和亲人的生存权利都捍卫不了。那种绝望感能轻而易举地压垮任何一个人。

04

多年前有一部热播剧《蜗居》,女主角海藻原本是一个非常简单的人。后来,海藻的姐姐急需一大笔钱买房,单靠他们一家,这钱一时半会儿也凑不齐。就在这时海藻认识了宋秘书,宋秘书答应给海藻一家人提供经济上的帮助。没多久，海藻成了宋秘书的情人。

大学时期，班上有一个女同学，每次去食堂吃饭，固定只打一碗饭加一个素菜，饭盒里永远看不到一丁点儿肉片。有人就好奇地问她，她只是笑着解释说自己在减肥。后来，关于这个女同学的传言越来越多。据说她的家境不好，连学费都一直拖欠着。再后来，我们经常能看到校外有一辆豪车来接送她。

那些穷怕了的女孩，有些很难经得起物质诱惑。为了摆脱穷困的沼泽，她们很容易无视道德，甚至甘愿出卖身体和灵魂。

任何时候，贫穷都不能作为自暴自弃的理由。在获取财富这条路上寻找捷径，一不小心，毁掉的可能是你的整个人生。

无论生活过得多么贫苦，也要守住着道德的底线，只有这样，你才会有真正翻身的那一天。

05

有没有那么一刻，你感受到贫穷离你那么接近？

当父母为了你的学费硬着头皮向亲戚们借钱的时候，当兜里的钱连一顿快餐都支付不起的时候，当心爱的姑娘转身投入了有钱男人的怀抱的时候，当身边的亲人因为付不起高昂的医药费而不得不放弃治疗的时候……那一刻，你是不是也因为生活的困顿，丧失了做人的尊严。

　　你是否也会把这一切归咎于原生家庭，怪罪于命运，怪罪于这个不公平的世界？

　　其实，越是难熬的日子，越是要少些抱怨，多些行动。

　　越是被别人看不起，越要想办法改变现状，绝处逢生。

　　没有人注定一辈子穷困潦倒，你的努力能让你离自由与公平更近。

　　贫穷能毁掉一个人，也能拯救一个人。

　　愿你远离贫穷，愿你永远不必因为贫穷而饱受苦难和伤害。

走过去,就能得到一片天

01

有一首老歌,但忘了是什么名字,只记得有一句歌词好像是:走过去,前面是个天。

是的,只要走过去,就能得到一片天。

多年前,我和三五好友到西双版纳旅游,在一家旅店入住后,导游来了。

导游是一个身材高大的男人,皮肤黝黑,棱角分明,看起来三十岁出头的样子。他说他姓张,让我们叫他张导。

张导先带我们去了植物园,那里有很多棕树,据说是当地特有的,叫导弹棕。这些树木一棵棵长得都很粗壮,确实很像导弹。随后,我们又逛了几个景点。经过一下午的接触,我们发现张导热情又幽默,都很喜欢他。

途中，他总是给我们准备好矿泉水，还给我们介绍当地的美食。大家都是年轻人，接触了几天也就熟悉了。

有一次，去一个景点要两个半小时的车程，我们在车上闲聊问张导，结婚了没有，导游的工资是不是很高。

张导很随和，丝毫不介意，还把他是怎么当上导游的告诉了我们。

原来，张导不是西双版纳本地人，他是来这里打工的，老家在济南。他说自己高中时成绩不好，没能考上大学，家里人对他颇为失望。他还说自己以前性格内向，一遇到烦心事就会想不开。那年，因为高考失利，他心情一度十分低落，有种这一辈子就完了的感觉。

当时，有个跟他一届的同学也没考上大学，虽然他父母并没有多说什么，但是他们的不满和不快还是很明显的。

张导和那个同学不想再让父母操心。于是，他们决定离开家乡出去闯荡。

可是没有文凭，他们有什么工作可以做呢？

灰心丧气之余，那同学说不如就去当服务员吧。张导没主意，就说一切都听同学的。那同学说，北方他待腻了，想去南方。张导就说，也好，北方冬天那么冷，他也不想待了。

张导本来提议说去海南，那里气候不错，风景又美。可是那同学怕遇上在海南上大学的同学，说万一那些同学在饭店看到他们在当服务员，面子实在挂不住。思前想后，他们选择了西双版纳。

那同学人缘还挺广，打听到有个远房亲戚这几年在西双版纳做水果生意，于是就联系上了。

到了西双版纳，他们都被这里的特色建筑、山水环抱的景色吸引了，他们很快就爱上了这座城市。

那个亲戚还算不错，把他们介绍到一家餐馆，而那个餐馆刚好是旅行社的指定餐馆，主要负责团队餐。

工作是落实了，可是这团队餐一波接一波，做得很辛苦。

大概干了半年，那同学突然跟张导说，他和一个小旅行社的导游关系不错，他说如果能考到导游证，就可以让他们当导游。

导游可比当服务员有吸引力，整天游山玩水的多好啊！可是张导的脸色显得有些沉重，他知道导游这行不错，但他怕自己做不了，觉得还是做服务员更踏实。

那同学觉得张导这样不行，服务员从早忙到晚不说，还没有前途。于是，他偷偷地给张导报了名。

名都报了，钱也花了，张导就被那同学拖去上课。

就这样，张导被逼着考出了导游证，也离开了餐饮业。

02

进了旅行社之后，张导和他同学先被安排出团做助理，帮着导游干点小活，诸如点名、派水、接机、入住等。在熟悉了流程和景点之后，张导就开始自己带团了。

一开始张导很紧张，也不知道要怎么和游客相处，就很死板地讲解西双版纳的历史和一些景点概况。这让车上的游客感受不到热情和快乐，反而觉得有点敷衍。

第二天，车上的游客就纷纷投诉他，要求换导游，原因是张导对团里的游客不友善。

于是，张导被撤换了，还被社里的领导大骂了一顿，工资也被扣了。张导很生气，一个人坐在办公室郁闷了一整天。

下午，他同学回社里报道，说是刚送走了一批团，如果有新团他马上就能接手。张导看了那同学一眼，没说话。他同学立刻意识到出了问题，就走到了张导身边问他怎么了。张导当即就把不满告诉了他，说那些游客根本就是无理取闹，故意刁难他。

他同学听后就跟张导说，虽然他们的角色是导游，但是他们应该站在游客的角度想问题。游客们可是怀着愉悦的心情，特意请了长假来这里游玩的，怎么会喜欢看到一个愁眉苦脸的导游呢？再说了，他们在西双版纳当导游，代表的是西双版纳，怎么也要尽地主之谊，让远方的客人感受到被尊重吧。

张导听了这番话，心里的火气慢慢平熄了。他仔细地想了想，觉得同学说得很对，游客们开开心心地来这里玩儿，看到一张僵硬的脸孔总会觉得扫兴。纵然他没做错什么，也会让人感觉不好。

一夜过后，张导找到了社长，把自己写的一份检讨报告交了上去，希望社长能再给他一次机会。

社长看他态度很好，也认识到了自己的错误，就答应明天再派一个团给他带。不过也声明了，如果再有人投诉，就不会再用他了。

很快，就到了第二天，张导去接机。

这个团的年龄普遍偏高，张导看到其中有一位游客脚有些瘸，走起来不方便。于是，他赶紧打电话让司机把车往里面开一点，让他们能少走点路。这一个举动，当即让游客们觉得张导是一个细心体贴的好导游。

途中，张导还主动帮那位腿脚不便的游客拉行李，游客们纷纷夸赞他，说现在的年轻人能这样照顾老人家，真是不多见。

这样一些小小的举措，当即就让一群从来没有打过照面的人对另一个人有了非常良好的印象。我们可以预见，之后几天的行程一定相处得十分融洽。

张导说，带那批团让他收获很大，感触很多。其中那腿脚不便脚的老先生是一位大学的教授，他在六天的行程结束后，特意写了一封感谢信送去张导的旅行社。尽管张导说这是他应该做的，老先生还是坚持要送给他的领导，说这样兢兢业业把游客当家人的导游一定要表扬。

张导很感动，他也因此得到了社长的称赞和一笔奖金。

通过这件事，张导觉得自己成长了，对导游这个职业也越来越喜欢了。从此以后，每一次带团他都能收获几个朋友，他说自己现在随便去哪里都有认识的人，不仅心情愉悦，人脉也更广了。

有些游客回去之后，还会介绍他们的朋友来玩，还指明要他带团，这让他在旅行社的名声也越来越响。

03

有一句话叫作：这世界上没有敌人，如果有，那个敌人就是你自己。

如果张导当初一直钻牛角尖，听不进他同学说的话，那么他就会陷入狭隘和不满。所幸，他战胜了自己。

那一次西双版纳之行对我们来说，不单单收获了风景，也收获了一堂重要的人生课程和一个当导游的朋友。

临行前，张导特意来酒店找我们，送给我们一些他自己种的相思豆，希望我们平安幸福。

我们很开心地收下了，也祝福他早日脱单，找到相爱的人。张导说，他有女朋友了，是当地的傣族姑娘。我们顿时一阵唏嘘，说他藏得好深啊。

嬉笑过后，我们依依不舍地告别这座城市了，张导去给我们送机。路上，我们说以后要是再来西双版纳，可一定要让我们到他家里去坐坐。张导当即调侃说，是想去看他的傣族媳妇吧。

瞬间，笑声又再次弥漫了整个车厢。

上了飞机后，我看着窗外那渐渐消失的山脉，我在想：一个人的成功确实可以依靠机遇和人脉，但你始终无法借别人的翅膀飞上自己的天空，想要自己畅快地遨游，唯有让自己拥有一对美丽的翅膀……

不抱怨的人,怎样都好看

01

日本画家竹久梦二在《出帆》中写道:"你是什么人便会遇上什么人;你是什么人便会选择什么人。总是挂在嘴上的人生,就是你的人生,人总是很容易被自己说出的话所催眠。我多怕你挂在嘴上的许多抱怨,将会成为你所有的人生。"

在我们身边,各种抱怨声总是不绝于耳。"我那么尽职,凭什么老板只提拔他?偏心,愚昧!""我那么美,还比不过她这种姿色平平的人?荒唐,眼瞎!"

这些情绪大家都不陌生吧?这些决堤而出的负能量,这些不好的心态,在我们身边如影随形般存在着。

李笑来在《彻底戒掉你的抱怨》里说:"抱怨,是无能和无奈的表现。当我们遇到麻烦,做事不顺利的时候,能解决就解决,解决不了就承受,这才是正确的态度,抱怨有什么用呢?没有用,因为它只能用来向别人展示自己的无能和无奈而已。"

李笑来又说:"抱怨,在我看来,就是这个世界里最强的负能量。它会让一个人变得令人讨厌;它会让一个人失去挣扎的能力,失去承受的坚韧……抱怨的害处并不仅仅在于浪费时间,也不仅仅在于那样会暴露自己的无能,它真正的害处在于,它会让你不由自主地放弃挣扎……"

既然抱怨有如此多的坏处,我们为什么不戒掉它呢?

《不抱怨的世界》里给出了答案,原来抱怨如此契合大众的心理!它有五大好处,如下:

一、寻求关注。我们抱怨,往往是出于我们对别人关注的需求,我们想不出更加积极的能吸引人关注的方法。情侣之间的抱怨常常如此。

二、推卸责任。这类人之所以抱怨,是因为他觉得自己没有能力让事情变好。所以才会试图通过抱怨吧责任推给事情本身。

三、引人艳羡。这类人抱怨是为了自夸。抱怨"我的上司很蠢",其潜台词是"我比他聪明,如果我管事情,工作会做得更好"。

四、操纵力。抱怨是获得操纵力的有效方式。特别是在竞选中，为了得到权力，常常通过诋毁竞争对手，让选民投票给自己。

五、为欠佳的表现找借口。这类抱怨就是单纯的情感宣泄，没有想办法解决问题，而是选择痛苦的哀号。

抱怨之后才发现，我经常陷入恶性循环：诱因—抱怨—心情舒畅—诱因—再抱怨—再心情舒畅—诱因—又抱怨—又心情舒畅……

02

给我上这一课的，是使我有了极大改变的文秀姐姐。在我怨天尤人的那段时间里，一个偶然的机会，我认识了美丽的文秀姐姐。虽然我们相差二十岁，但是不妨碍我们成为彼此生命中那个"懂得"的人。

她是一家医院的护士，在女儿三岁时做了单亲妈妈。虽然前夫没有出过一分钱的抚养费，但是她依靠自己的努力，坚强地度过了最煎熬的十六年。她从来没有在女儿面前哭过。唯一的一次落泪，是女儿考上了中央财经大学，对她表示感谢时。

她在跟我说这些艰辛的时候，一副云淡风轻的样子，对前夫没有一丝一毫的怨恨，总说他也不容易。对自己含辛茹苦、独自抚养孩子没有任何的怨怼，更多的还是感恩。感恩老天赐予她如此乖巧的孩子；感恩自己在多次感觉撑不下去的时候，有贵人的相助。她总说自己很幸运。

我也是和她认识之后，才真正放下了心中那些抱怨。

荀子说过："自知者不怨人，知命者不怨天；怨人者穷，怨天者无志。"

好的坏的都是自己选择的路，真正的成熟，是心怀感恩地风雨兼程。抱怨只是向别人展示了自己的无能与无奈。

就像文秀姐姐，不抱怨并不是基于内心的骄傲，而是基于对自己能力的肯定和内心的坚韧。

是她教会了我，如果抱怨是毒，那么感恩就是药；如果抱怨是剑，那么感恩就是鞘。

人生在世，不如意事十之八九，如果你总是把不好的事情归咎于别人，归咎于命运，永远被抱怨缠身，那么你永远不会快乐。遇到不好的事情时，找到可以感恩的地方，你会跳出抱怨，把生活看清楚。

03

小鱼离婚以后，发现做单亲妈妈也没有什么可怕的，反而又找到了生活的方向，忙着工作、学习、旅行、陪女儿长大，她很辛苦，但她的快乐在于她能行，并且做到了。

她再也不会刻意企盼某个人来爱她,而是专注于让自己活得漂亮。

即使在买了房子之后,经济上一度拮据,她也没有抱怨过半句,只是在金钱上更加自律,强迫自己精打细算,更加努力地工作。她告诉自己,照顾好自己和女儿的身体,不能生病,以免祸不单行。

当困难太重,自己的左肩扛不住时,就换右肩继续扛。

她和我说,她只哭过一次,是和女儿去一个非常偏僻的游乐园玩,出来的时候已经没有公交车了,出租车也很少。她和女儿站在路边等了一个多小时,女儿小脸冻得通红地说:"妈妈,我冷!"

她把自己的大衣给女儿穿上的时候,自己是流着眼泪的,第一次如此真实地体会到无助的感觉,她流泪不是因为自己太冷,而是因为她恨自己没能照顾好女儿。

小鱼没有抱怨,没有让消极的情绪打击她的"玻璃心"。她和我说,很神奇的是,她居然很感恩自己和孩子可以顺利回家,感恩女儿没有感冒……当小鱼在日记本里写下一串的"感恩"时,她感受到了自己的转变与成长。

不抱怨,感恩前行,让我们成为自己的太阳,丢掉艰辛和悲伤,那些我坚持的东西,一定会成为我身上的光!

只有向上的路，才会那么难

01

社交网站上一直有一个长盛不衰的励志型问题：你最努力的时候到底有多拼？

有一个人在这个问题下讲述了自己的人生经历：他上大学前的人生是一帆风顺的，毕业后找的工作也还不错，但因一次意外车祸，他失去了一条腿。这样一来，他原来的工作就无法继续做下去了。他并没有因此而意志消沉，痛定思痛之后，他接受了自己只能在现有的条件下面对未来艰难人生的事实。为了生存下去，他报了一个学编程的班，夜以继日地努力学习编程技术，仅用了几年时间，就学会了好几种编程语言，找到了一份可以坐着上班的工作。

他说，在刚知道自己将面临终身残疾的事实时，他也埋怨过命运。可是不管怎么埋怨，痛苦还是痛苦，这个即定的事实无法改变。与其如此，还不如接受事实。他发现，当他开始主动积极地去解决困难时，内心就没那么痛苦了。克服了最初的艰难，他找到的新工作居然比之前那份工作发展前景更好，薪资更高。他本人在这段努力向上的过程里，也渐渐重拾了信心，不但克服了残疾对自己的影响，还有了被生活洗练后的从容豁达。

他说，熬过了那一段心情低落、崎岖艰难的时期后，他觉得自己的人生底蕴比以前更丰厚了。

02

他的故事，让我想起曾经看过的一部很感人的电影，一个已经老去的乒乓球爱好者，为了圆自己的乒乓球梦，把打球的希望全部寄托在女儿身上，希望用女儿的成功来弥补自己在乒乓球事业上的遗憾。但女儿一直和她对抗，告诉她自己并不喜欢打球，甚至把她想象成逼迫自己打球的大魔王。她去世之后，女儿很快退出了乒乓球界，成了一名普通的白领。可是她女儿除了会打乒乓球，别的方面都不太行，只能做一些低端的杂活。在经历了一系列情感上的变故后，女儿逐渐明白，原来自己所谓的不喜欢打球并非是真的不喜欢，而是和很多活得浑浑噩噩的人一样,她根本就不知道自己到底喜欢什么。很多人讨厌一件事的原因,是因为自己做不好它。她逃避过训练的痛苦,打球的梦魇还是在她的生活中如影随形。这其实是一种隐喻,它告诉我们,人只有主动克服自己畏惧的东西,才能获得成长。对她而言,唯一的出路就是把乒乓球练好,她的生活才会好。

接受了这一点后,她开始主动练习乒乓球。她克服了心理障碍,主动开始去做这件以前令她感到痛苦万分的事情。心态一变,她人生中的很多事情也就豁然开朗了:曾经放弃自己的恋人开始回心转意,曾经门可罗雀的俱乐部的学员也日益增多。

其实,这部电影中女主角对打球的逃避,就像我们在学生时代的偏科一样,大都爱用"不感兴趣""太难"来形容自己做不好的那些事。但他们其实并没有真正深入思考过,自己到底是因为这件事太困难做不好而没兴趣,还是因为尝试过后,自己真正做不了而没兴趣呢?

当"佛系"(网络流行语,通常用作形容一种生活态度,有可以、都行、随便的意思)"随遇而安"被越来越多的年轻人提及时,很多人打着此类旗号,在本该奋发向上的年龄里逃避自己应该承担的责任。其实,不是每个人口中的佛系,都是真心的。那些内心欲望少的人,他们的佛系也许是真正的佛系;而那些欲望和付出不匹配的人,所谓的佛系很可能只是因为想放弃那条难走的、向上的道路。

很多人在年轻时都没能意识到这一点：一个人的命运是无法逃避的，痛苦从来不会因为我们的怯懦而放过我们。

一开始就选择逃避那些本该面对的艰难，人生路会走得更难。因为越放纵自己，就越会甘于自我放纵。欲望对心智的消耗，就会在这种放纵中加速，一旦我们习惯对软弱的自己不断妥协，就可能碌碌无为地度过我们这一生。

03

我一直觉得，命运就是个欺软怕硬的设定，只要我们主动一点儿，就能把它踩在脚下。

事实上，和电影的女主角一样，那些越困难的事，就越需要我们去超越。

如果我们没有行动的决心，即使我们在脑海深处上演再多感动自己的内心戏，也无法撼动平庸的根基。

很多越过了命运设定的人，都显得挺傻的。他们都选择了庸人眼中看起来不可能的挑战。因为主动把命运踩在脚下的前提，正是这无所畏惧、坚定不移的傻气。

真正追梦的声音，不容置疑。

真正的励志，就是努力和拼搏，就是为了活得有尊严而付出自己的努力与汗水。只有战胜那些打不倒我们的痛苦，我们才会把握住那种令自己内心踏实的坚实质地。

那些能主动战胜自己人生惰性、恐惧、困难，甚至超越自己的人，才有资格过上更好的生活。

史铁生在《我与地坛》中曾经这样写道：命定的局限尽可永在，不屈的挑战却不可须臾或缺。

其实，包括我自己在内的很多人，在学生时代大都是借助外力的约束努力学习，一旦到了宽松的环境下，就容易迷失自我，为自己的不自律找借口。没考上好大学，怨自己不是北京人；没有找到好工作，怨自己没有好的家庭背景；面临需要走上坡路的困境，思维中的第一反应是命中注定论，似乎现有的一切困境皆由命运造成。

只有我们真正想去超越自己预设的"不可能"时，我们才会知道，即使改变不了某些注定的现实，但我们为了战胜困难付出的努力不会白费，它会融入我们的血肉，长成我们的气质。即使我们超越不了阶层，但是可以把自己经营成不靠外力辅助的发光体，这至少可以让我们活得更有品质。

努力过的人生才会有丰厚。美好、强大、宁静、仁慈这些词的深处，暗藏着战胜残酷后的沉淀。

一个能融入这些词汇的人，即使在寻梦的路中偶尔触礁，也不会被一时的挫折打垮，而是会积极寻求出路。

因为他们相信，只有向上的路才会走得如此艰难。在这条路上不会有太多同行者，因为只有极少数人，才能在上坡路上逆风而行，努力奋斗，坚持丰富和完善自己。

有个厉害的好莱坞编剧曾说："所谓的反派，其实就是那些不能改变自己，拒绝向上走的人。他们拥有固化的思维模式，在命运为难自己的时候只能把痛苦转嫁给比自己更弱小的人，缺乏主角那种能爬起来，跨过困难和改变自我的勇气。"

不要害怕难走的路。那些打不垮我们的，一定能使我们更强大。所谓艰难岁月，不过是上天馈赠给我们的洗礼，点燃我们激情的催化剂。

努力向上，是无数故事的发端，也是我们爱过、活过、战斗过的证明。

有梦想，就不要怕别人的质疑

01

很小的时候，我有很多梦想。我想当老师，想当科学家，想当个推着冰激凌车卖冰激凌的。对未来毫无概念的规划和儿童善变的兴趣让我天马行空地发挥着想象力。我尚未理解梦想的意义，只是单纯地艳羡那些拥有我想要之物的人们，想要成为他们，然后兑现自己的愿望。

长大以后，渐渐知道了梦想的含义，梦不是随便可以做的，它是很宝贵的东西。有的人浑浑噩噩地找了一辈子也未能找到它的存在；有的人确定它只用了一秒，实现它却穷尽了一生。

梦想不仅仅是"我想要"的扁平欲望，它也是更强大的力量。当你迷茫而不知所措时，它可能成为你下一步的指路明灯；当你处于人生低谷甚至无路可走时，它可能成为搭救你的一根救命稻草。梦想是虚幻的，却又好像实实在在的填实在我们的心里，有时候坚硬地撑起整个身躯，有时候软软地融化整颗心脏——就是这么神奇的存在。

02

有一天，我跟父亲谈起："我的梦想是当一个作家。"

我刻意漫不经心地谈起，因为我担心父亲并不看好这个职业。

我父亲想了一会，跟我说："天底下想当作家的人有千千万，可是能被人们承认的作家屈指可数。那些当年做着作家梦的人，最后又有几人能真正成为作家呢？"

就是从那时起，我才知道，做梦也有梦想和白日梦之分，而它们的区别，就是成功率的高低。

我从来没想到过成功率，因为我那颗年轻而自大的心总以为，只要朝着一个方向开始努力，大概就成功了一半。可是若问我最后那个结果，我只想说，如果一开始就预计到那个结果是失败的，那么又为何要开始呢？

我们还会迟疑，会害怕碰壁，会受到各方的质疑，这是可理解的事情，因为梦想本来就是如宝石般珍贵而不易得的东西。以成为画家为梦想的少年会被人质疑"学画画的人那么多，可最后能成为画家的人又有几个",以成为演员为梦想的少年会被人质疑"想当明星的人那么多,可最后可能只成为不入流的小龙套"。但凡你有了一丁点的梦想,就会遭到悲观主义者的质疑。可梦想要是像墙角的野花那般唾手可得,那还有什么我们不惜一切也要将其实现的价值?

03

我们周围有数不清的竞争者,每个人都在各自的位置上默默地努力着,所以我们常常一叶障目,只看得到周围乌泱泱的人,却看不到那个发光的自己。为什么我们只听得到别人强调成为"万分之一"的难度,却偏偏不敢相信自己就是"万分之一"中的那个"一"?

未来本就有无限种可能,无论选哪条路,只要坚持走下去,都有成功的可能。

想要远行的人,注定不能把路途想得太难太远,不然,永远也迈不出那重要的第一步。

我们都是这个小小星球上独一无二的存在,别人不知道你与他人有多么不同,不知道你的潜能有多大,不知道你到底有多棒。无论过去有多少失败的案例,无论成功的可能性有多低,我们首先学会的都应该是相信自己,因为没有谁比你更了解自己。所以,如果你遭遇到悲观主义者的质疑,不要迟疑也不要动摇,只需要大胆且果断地反问他:"我知道做这梦的人有千千万,可你又如何确定我不是那万分之一?"

敢于直面悲观主义者的质疑,才是真正的梦想家。

想成功，必须找到适合自己的路

01

芊芊家里是做小生意的。她考上大学之后，父母觉得脸上有光，嘱咐她一定要干一番大事业，让过去那些看不起他们家的人大吃一惊。

芊芊当然知道，父母所谓的干一番大事业，指的是物质成就。

她从小受父母耳濡目染，自然精明能干。从大一开始，她就没闲着，一直在想方设法赚钱。

大学四年里，她做过家教，卖过化妆品，当过服务员，推销过各种酒。凡是能挣钱的招数，她都试过，但都坚持不了多久。最后，不但钱没赚多少，还积压了不少化妆品和酒。

毕业后，她留在了大城市，结果她又被房东忽悠，一头扎进了房地产行业，做起了房地产经纪人。

在房地产行业最火热的那几年，她凭借灵光的头脑和高超的说话才能确实赚了不少钱，然后租了一个小门面，开了一家房地产中介公司。虽然只有两个人，但看着自己名片上那个"总经理"的头衔，她感到心满意足。

春节回家时，她还特意带着名片，给老家的人发了不少。听到亲朋好友的一片赞扬声，她父母乐开了花，嘱咐她只许成功，不许失败。她也踌躇满志，点头答应。

没想到，房地产行业遇冷后，她的生意一落千丈，开始入不敷出。她十分焦虑，开始跟各行各业的人打交道，到处询问房地产行业还能不能继续做下去。

为了缓解焦虑，她跟朋友一起外出旅行。但刚到目的地，她又焦虑起来了，念叨起家里的事儿，弄得同伴意兴阑珊，两人不欢而散，本来十天的旅程提前三天返程了。

在参加同学聚会时，她看到同学们个个意气风发，更加坐不住了，觉得自己离成功太远了。

后来，她又买卖股票，倒腾黄金，进军二手车市场，每个行业都浅尝辄止。我问她何不扎根于一个行业，她笑说："那怎么行啊？不能把鸡蛋都放在同一个篮子里。我横跨这么多行业，总有一行会成功的吧，不至于全都失败吧。"

就是因为她一心想着"成功"二字，所以经常彻夜难眠，必须服用抗焦虑的药物才能入睡。

不知道一心盼着女儿能光耀门楣的父母，知道了女儿的这种状况，会做何感想？

02

小罗是我在南方认识的朋友。他祖籍广东，家乡人不谈政治，只谈生意，大家都以能赚钱为荣。

小罗大学毕业后，先是在政府部门上班，后来看到升职要靠资历，而且到手的工资也不多，于是果断辞职，进了企业。

他想的是：如果没有权，有很多钱也很好。辞职后他才发现，企业虽然工资高，但更辛苦。他没日没夜地加班，做各种方案，见各种客户，陪各种笑脸。在企业待了一年后，他觉得离自己的目标还是太远了，于是开始琢磨新的出路。

这时候，他看到高中同学做微商赚了不少钱，整天在微信朋友圈发截图炫耀自己的进账，展示豪车和别墅，他又按捺不住了。要知道，那个同学当年是个差生，如今怎么能比自己厉害呢？

于是，原本心高气傲的他主动邀请同学吃饭，积极向同学请教，想要获得赚钱的秘诀。不是有句话这样说嘛："要想成功,必须多跟成功的人相处,学习人家的思路和方法。"

酒过三巡,同学夸张地告诉他,只要加入微商团队,第一年就能年入百万。看到他将信将疑,同学有些生气:"你看看我,我不就是一个现成的励志偶像吗?"

不过一顿饭的工夫,他就被成功洗脑,掏出了数万元,加入了微商会员。

但不久后,他的同学说了实话,说那些进账截图都是用软件制作的,豪车别墅也不是自己的,这些只是一种宣传手段,并且也让他用这种方法去拉会员。

小罗义愤填膺,想要报警,但是同学却翻脸了:"你有什么证据证明我骗了你?我的产品是真的,一切都是你心甘情愿的。"

想想也是,自己好歹是大学生,这种事说出去太丢人了。小罗只好认栽,抱着一堆没用的产品回家了。

自此以后,他变得更加焦虑,见到稍微有点钱的亲戚朋友就凑上前去,向人家咨询发财的秘诀。一些好朋友告诫他,还是脚踏实地为好,不要为了暴富再被人骗。他却认为别人是不想泄露秘诀,不肯说实话。到了后来,亲朋好友都对他敬而远之。

某天晚上,他碰巧遇到一个老同学,老同学非要让他尝尝自己新买的酒。两人推杯换盏之后,老同学告诉他,自己现在在做酒水生意,而且还说,只要加入会员,他就能以一折的优惠买到那些酒。

小罗头脑一热,又加入了会员。第二天酒醒后,望着同学送来的一屋子酒,他欲哭无泪。再后来,他乖乖回到了企业上班,但是就此消沉了下去,性格变得更加孤僻,每天下班后就埋头钻研如何成功。

03

成功焦虑是一种病,得治。芊芊和小罗之所以陷入焦虑,都是因为太渴望成功,而且他们眼中的成功,只是获取更多的物质财富。在这个急功近利的时代,绝大多数人都渴望名利双收,但最后成功的却寥寥无几。

比尔·盖茨很聪明,但世界上只有一个比尔·盖茨;乔丹是"篮球之神",但篮球历史上也只有一个乔丹……每个成功者都有一套不可复制的成功经验,不是靠简单模仿就能学会的。

更何况,成功又岂是用"名利"两个字就能轻易衡量的。做老师的桃李满天下是成功,当医生的救死扶伤是成功,即便是个泥瓦匠,只要能盖出漂亮的房子,也是一种成功。

没有谁能随随便便成功。各行各业的成功经验有很多,但更多的却是失败的教训。成功不仅需要刻苦努力，需要方向明确、方法得当，需要人脉和经验，还需要运气和机遇。

渴望成功本身并没有错，但是必须要找到适合自己的路。你了解哪个行业，懂得哪个行业，喜欢哪个行业，就在哪个行业停留下来，踏踏实实，一步一个脚印地往前走，这才有可能获得你想要的成功。

有一天，当你乐于享受工作，当你不再期待成功，彻底摆脱了成功焦虑的困扰，或许，成功就会悄然来临。

迷茫的时候，就选最难走的那条路

01

齐总是我认识的一位企业家，他经营着一家餐饮公司，是当时北京最早提供送餐服务的公司之一。

去年，齐总的公司被某大型餐饮公司收购，他开始坐享股份分红。与此同时，他对自己名下的其他产业进行了转型升级，将业务扩展到了文化产业。

但回想当年，他选择的却是最难走的那条路。研究生毕业后，他在某大学做助教，工作稳定清闲，毫无压力。一次，他在中学当老师的女朋友跟他抱怨学校午饭难吃，如果能叫外卖就好了。于是，爱好烹饪、头脑灵活的他就开始在这方面动起了心思。

那时候，国内的快餐行业刚刚起步，并不被人们看好。但经过细致的市场调研之后，他毅然辞去助教的工作，干起了餐饮行业。

亲友都说他疯了，女朋友也不理解，甚至以分手相威胁。但他丝毫不为所动，他对女朋友说："在学校里工作固然轻松悠闲，但如果余生都只是在学校里评职称，自己会闷死的。"

说服女友之后，他拿出两个人不多的积蓄，开始招兵买马，选厨师、找客户，到处学习经验、考察市场。

从公司成立起，他就找专人制定了一套标准化的厨房操作流程，明确规定了一份菜用多少食材，甚至精确到厨师每次炒菜应该放多少油和盐。

由于前期跑市场积累了很多经验，他的餐饮公司很快进入了某学校，且因物美价廉得到了师生们的一致好评。紧接着，他凭借良好的信誉和口碑，一举拿下了很多学校的订单。

这些年来，在前同事不断抱怨工作压力大、工资低的时候，他已经逐渐成立了自己的品牌，实现了财务自由。

后来，作为学校的优秀毕业生代表，他被邀请去给毕业生谈职业规划。

会场上，他意味深长地对学弟、学妹们说："有些路，在外人看来前途无量，但不一定适合你，只有自己看上的那条路，才是你的前途所在。迷茫的时候，就选最难走的那条路。"

02

我认识的美女企业家金华，也是个典型的励志人物。中专毕业之后，她很想干一番大事业，就来到北京打工。但她发现自己的学历太低，于是就一边打工，一边通过自学考取了经济管理专业的大学文凭，希望将来能找到一份更好的工作。

拿到大学毕业证书后，她却迷茫了，摆在她面前的有两条路：一是换个好一点的工作，继续待在北京，朝九晚五，将来结婚生子，平平淡淡过一生。这也是她的父母希望看到的，谁不愿意儿女有个好前程呢；二是回农村老家创业，虽然苦一点，但能跟父亲一起养蜂，还能顺便照顾上了年纪的父母。

她选择了第二条路。得知她要回村养蜂，村里的人都觉得她是在瞎胡闹，多少孩子都想跳出"农"门，到大城市去安居。她好不容易考出去了，现在却又要回来务农。

父母以为她是迫于城里的生活压力才要回来的，所以并未阻拦，而是好言安慰她："女孩子要什么事业啊，过两年找个好婆家就好了。"

金华微微一笑，并不解释，埋头扎进了这份"甜蜜"的事业中。

在当地，女孩养蜂简直是天方夜谭，因为做蜂农太苦了。首先放蜂就很辛苦，放蜂的地点也需要慎重选择，既要远离村民的居住区，避免蜜蜂蜇伤人；又要选在花木繁盛的地方，方便蜜蜂采蜜，而且不论白天黑夜，都要跟蜜蜂待在一起。

面对众人的非议和不理解，金华什么也没说，她忍受着孤独和辛苦，一个人背着蜂箱，到处追花期放蜂。

有一次突发暴雨，蜂箱被山洪冲走了，她一个人哭着找回了蜂箱，身上却被暴雨浇透了。养好了蜂，又要开始摇蜜……

父亲实在看不下去了，就劝她放弃，但她还是咬牙坚持了下来。

后来，她又只身前往全国养蜂业相对发达的浙江省，学习先进的养蜂经验。回来后，她把学到的新技术应用到合作社内的蜂蜜生产、消毒、灌装、包装、销售等各个环节，实现了统一生产、统一管理、统一销售，并注册了商标。经过几年的发展，她生产的蜂蜜、蜂王浆等蜂蜜产品，在当地颇受欢迎。

如今，她在蜂蜜产业界已经小有名气，不仅有了自己的蜂蜜公司，还带领更多的家乡人一起开创"甜蜜"的事业。

谈起以前的创业经历，金华告诉我们："有时候越是迷茫，就越是要坚守内心的梦想。"

03

每个创业者大概都是如此，必须经历无数次的考验，才能拨开云雾，找到真正属于自己的那条路。

我大学刚毕业时，也曾经历过这样的迷茫，不知道是该回老家当一名老师，还是该留在大城市里寻找自己的梦想。父母对我说："当老师多好，工作稳定，不用风吹日晒。一个女孩子家，谁也不指望你能挣多少钱，好好过日子就行。"但是，经过思考之后，我还是选择留在大城市闯荡。

你的路，终究是要用你自己的双脚去丈量的，别人的建议只能作为参考。你必须静下来问问自己，你想要的到底是什么，你的梦想是什么。

上天很公平，它给了每个人一颗梦想的种子。小时候，每个人都有自己的梦想，有的想成为音乐家，有的想成为军人，有的想成为科学家，有的想成为运动健将……但长大后，尘世里的水深火热会把大多数人的梦想种子煮熟了、泡烂了。只有一小部分人，努力保护着那颗种子。

跟梦想的种子相伴而来的还有热爱，它生于你的内心，深藏在你的天性里。如果你在意它、呵护它，每天给它雨露，给它阳光，它就会慢慢生根发芽。如果你忽略它、漠视它，慢慢地，它就会枯萎而死。

有热爱才会有痴迷，痴迷了才能做到极致。有了热爱，再漫长的等待，再枯燥的坚持，你都不觉得难熬。

把你热爱的东西做到极致，便能梦想成真。莫言把小说写到极致，便获得了诺贝尔文学奖；贝多芬对音乐爱到了极致，便成了享誉全球的作曲家；霍金对物理学痴迷到了极致，便成了杰出的理论物理学家……

你要每天坚持做点事情，比如练琴、练字、读书等等。这点滴的积累就像萤火虫的微光一样毫不起眼，但迟早有一天，它们会汇聚在一起，发出耀眼的光芒。

04

不要艳羡别人的成功，不要嫉妒别人的光环，盛名之下，甘苦自知。他们现在有多少荣耀和骄傲，就曾经历过多少艰辛和挫败。

梦想不过是携着热爱勇往直前，一百次跌倒之后，一百零一次站起来，重新出发。

再好的时光，也经不起盲目的消耗。如果你热爱教书育人，何必在文山会海里消耗时日；如果你想做一名作家，那么从现在就拿起你的笔；如果想成为一名书法家，那么就把你的业余时间全部用来练字……

哪怕梦想再大，热情再多，你都要从当下做起，从今天做起，心甘情愿为某一件事殚精竭虑，只管耕耘，不问收获。只有这样，你才有机会拨开欲望的层层罗网，找寻内心的自在和欢喜，让生命的分分秒秒如同水滴，穿透厚厚的人间烟火，最终把梦想雕刻成你想要的样子。时间，从不会辜负每一个为梦想奋不顾身的人。无论你今年是二十岁、三十岁，还是四十岁、五十岁，只要心怀梦想，从哪一天开始都不算晚。所以，不要觉得现在还年轻，就肆意挥霍你的时间。既然岁月悠长，那么不如静下心来，做点自己喜欢的事情。用余生酝酿一种深情，专注做一件事情，让你的热爱永存，让你的梦想最终长成参天大树，郁郁葱葱。

即使最后一无所获，你的人生也会因为曾经努力追梦而熠熠生辉。

第四章

**我们始终
独立行走在
这个世界**

生活的路，必须自己走出来

01

人生漫漫长途，我们不应该固步自封。我们需要在适宜的时间为自己跳一支舞，为自己寻一方乐土，为自己找一条路……

我一直很欣赏一个朋友，她叫小蕾。

我和小蕾是在一次化妆师资格考试时认识的，说起来我俩也真是有缘。那会儿，我的朋友玲玲一心想做化妆师，就报了个培训班，刚好和小蕾在一个班，她俩的关系特别好。

有一天，化妆课要考试了，老师让她们各自带个模特去化妆，现场评分。谁想，小蕾找的模特突然过敏，长了一脸的红疹，根本不能再化妆了。小蕾万分焦急地跟玲玲说了这件事，求她帮忙。玲玲就把我介绍给了小蕾，让我当小蕾的模特。

免费有人给我化妆还不好吗？而且人家是参加考试，一定会格外用心，把我化得美美的。所以，我就很爽快地答应了。

到了考试那天，我和小蕾才正式见面，我第一眼看见她，就很羡慕她的身材，她身高一米六多，骨架小小的，腰细细的，一副邻家妹妹恬静的样子，很是讨人喜欢。

小蕾见到我后，对我的第一印象也很好，很热情地拉着我的手去了考场。

那天，她准备给我化个宴会妆，说这样更能突出她的化妆水平，得到的分数可能会比较高。我说好啊，然后就坐在椅子上等着。

可是，我等了很久，她都没有要给我上妆的意思，只是一会儿看看我，一会儿看看化妆盘，一会儿拿象牙白的粉底，一会儿又拿自然色的粉底，好像无从下手。我这才恍然意识到，可能她的水平不怎么样。

于是，我说："用象牙白吧，自然色对我来说涂了等于没涂……"

小蕾顿时睁大眼睛说："好啊好啊。"

可是，涂完粉底她又停住了，我知道她是在为用哪一种颜色的腮红而困惑呢。

"桃红色吧，桃红色比较亮。"

"哦哦，好。"

到了刷定妆粉的时候，我小声问她："你这化妆课究竟学了什么？"

"我几乎没怎么来听过，所以我才让玲玲找个漂亮一点的模特，就算化得不好也不会让老师觉得难看，玲玲果然没让我失望……"

"噗——"我瞬间"晕倒"。

幸好我还能糊弄两下，总算帮小蕾完成了考试，好歹也能及格吧。考完试之后，小蕾说一定要谢谢我，所以拉着我和玲玲一起去吃饭。原来小蕾在演艺公司做经纪人，手下有不少合作的明星。她说，经纪人不好做，所以想学化妆，以后还能转行。

对我来说，经纪人是很有趣的职业，充满新鲜感和神秘感。于是，我就像记者一样，问了小蕾一堆问题。

"你平时上班都干什么？"

"谈业务啊。"

"什么业务？比如？"

"就是接洽一些商业活动，然后每天还要跟着艺人走很多通告，一会儿在这个片场，一会儿在那个片场，要是遇到追求完美的导演，我们要忙到晚上十一二点才能收工呢。"

通告……导演……艺人……

多么有吸引力的字眼。

"真有意思,我也想去片场玩玩。"我随口说了句。

"那有什么难的,明天我就去片场,你跟我一起去吧,没准还能当一次客串的演员。"

"好啊,说定了,我要去的。"

"明天一早6点在中山公园等我,我们在那儿会合。"

"6点?那么早?"

"对啊,拍戏很辛苦的。"

我们有说有笑地说完后就各自回家了。

02

第二天,凌晨5点45分,中山公园。

我早到了15分钟,小蕾也早到那儿了。于是,她带着我上了他们摄制组的车,车上还有一些去拍戏的演员,不乏帅哥美女。此外就是化妆师、服装师、道具师等工作人员。

一个多小时后,我们来到上海郊区一个很偏僻、很荒凉的地方。下车后,我看到一间间四四方方的平房。小蕾说,这些房子里都是搭的一个个内景,每一间的租金都不一样。

下了车,几个演员被叫过去,片场导演和摄影师早就到场了。演员们排成一队，导演像个教官一样站在他们面前，眼睛不停地在每个人身上扫来扫去，应该是在选适合角色的演员吧。

导演看了好一会儿，挑了几个人出来，让他们先去换衣服。我想，这几个大概是主演。随后，小蕾走过去跟导演打了个招呼，还跟导演说我是她的朋友。导演看了我一眼，没说话。

后来，我就去化妆室看他们化妆。

居然是拍战争片，长衫、军装、冲锋枪之类的道具都有。女孩子都扎了两根马尾辫，穿着民国时期的学生装。我看着他们，觉得很有趣。

不一会儿，小蕾进来找我，说导演让我也去换一套学生装，让我也跟在队伍里去参加"抗日"……

就这样，我被拉去换上了民国时期那种斜襟上衣和黑裙，造型师还给我编了两个小辫。导演看了看我，又给我配了个男同学做搭档，我俩假装刚留学回来。

小蕾看了在一旁大笑说："挺配的，挺好。"

第一次玩客串还是挺开心的，我很卖力地大喊："我要参军，我要抗日……"

可是当这句话重复喊了不下五十遍的时候，你就会不觉得好玩儿了。

就这么几个镜头，一直折腾到中午十二点，小蕾总算是来拉我去吃饭了,都是剧组统一发的盒饭。

我一边吃饭一边问小蕾是怎么找到这么有意思的工作的。小蕾告诉我,她因为成绩不好,高中毕业后就出来找工作,爸妈觉得上海机会多,就一起来上海租了个店面开了一家小饭馆。

父亲常对小蕾说,实在读不好书就算了,但做人一定要机灵、肯吃苦。小蕾就是听了这句话,从小就善于察言观色,也学会了吃苦耐劳。

她说她没什么特长,不过人还算机灵。有一次,她去一家广告公司应聘,对方看了她的简历觉得她没学历也没经验,实在不太合适。当然,面试官也没直说,就说让她回去等消息。不过,小蕾已经看出来了。她赶紧开口说,不管你们能不能录用我,以后你们来我家饭店吃饭,我一定给你们打折。

那个面试官当即就笑了,觉得这孩子挺机灵。于是转而跟她说,策划、文案这些岗位可能并不适合她,要不先试着做推广,负责洽谈项目的合作,如果做得好,以后可以转做经纪人。

就这样,小蕾进了这家公司。入职后,她很勤快,每天还带一些她老爸饭店里的特色菜给领导和同事们吃,人际关系自然就很好了。公司的人都很喜欢她,小蕾做起事来也得心应手。经常有同事帮她出主意,陪她一起去谈客户,这做起事来当然就事半功倍了。很快,小蕾就为公司拿到了几个商演合作。

几年下来，小蕾对这一行已经轻车熟路了。

03

2014年，年初的时候，我发现我的朋友圈被小蕾刷屏了，满屏都是新款服装的图片。我问她是不是帮人打广告，小蕾说不是，这是她投资的品牌服装，一家开在商业区的实体店。

我当即被她震撼到了，说："看起来你这几年赚得挺多啊，都能拿钱入股开服装店啦。"

她说："开服装店一直是我的梦想，现在有了钱，自己趁也还年轻，就赶紧把自己喜欢的事业做起来吧。"

"真好。"

"那你要来买衣服啊？"

"好好好。"

我真的很佩服小蕾，有主见，有能力，有目标。

生活的路，其实都是靠自己走出来的，如果你发现一条路走不通了，完全可以再凿开另一条路继续走下去。我们确实需要认真读书，但不是死读书，毕竟每个人的天赋和能力是不同的。

其实只要能为自己找到一幢楼、一艘船，甚至只是一块小小的池塘，也足够创造出属于自己的一方美景……

有些路，总要一个人走

01

对于我这样出身普通、学校普通、长相普通的人来说，最难忘的岁月莫过于刚刚大学毕业走入社会的那段日子了。

毕业后，觉得应该自己养活自己了，不好意思再伸手向父母要生活费。从学校里搬出来之后，租住在西安南郊最拥挤的城中村里。

那时候年轻，不知天高地厚，只觉得终于到自己大展身手的时候了，前途一片光明，于是买了一堆有招聘信息的报纸。刚开始专盯那种工资高、待遇好的大公司，可最后不得不承认，自己根本就不在那些公司考虑的范围内，只好把自己的要求降低，寻找一些比较好的小公司。即使这样，往往也是竞聘者如云。

那段时间，每次应聘都是兴致勃勃而去，铩羽而归。面试失败回来的时候，要路过一条街道，看着很多蹲在墙角比自己优秀百倍的年轻人，面前摆放着各种证件和求职需求，渐渐发现自己的人生就像是玻璃窗内的苍蝇，前途明明一片光明，却总是撞得头破血流，找不到出路。

眼见着口袋里的"粮食"一天天减少，我渐渐地认清了现实。

我发现原来自己什么都不是，不过是这座灯红酒绿的城市里最普通不过的"待拯救"人员，普通到在茫茫人群里找不到一点存在的证明。我觉得自己仿佛掉进了一个深不见底、抬头不见天日的大坑，那种彷徨和迷茫时刻笼罩着我，让我有时候连呼吸都不是很顺畅。

02

大多数刚走上社会的年轻人，都和我一样，有着类似的困惑，不知道未来的路要怎么走。这时你的态度，在一定程度上就决定了你日后会成长为怎样的人。

有的人因为就业压力大、找工作不顺利就开始投机取巧，千方百计走捷径找关系，当时好像是成功了，也暂时获得了一些财富和物质。可从长久来看，这种行为却是一种失败。没有经过生活历练的人，怎么可能体会得到生活的美好？

有的人因为没有找到合适的工作或者一直不顺利，变得郁郁寡欢，对待工作也不认真，得过且过，最后在没有任何激情的工作中蹉跎一生；还有的人没有找到方向，不知道自己想做什么、能做什么，于是频繁更换工作，到最后什么都没有学会，浪费了自己宝贵的时间。

很多人都说我心态好，生活中的大多数事情都能看得开，其实我是一个胆小而且缺乏安全感的人。也正因为如此，我才不敢轻易去依赖别人，我担心我依赖的那个人万一有一天离开了怎么办。我知道只有把我的命运牢牢攥在自己的手中才会心安，哪怕是过着拮据的生活，也绝不动摇我坚守的原则。

那时候的我，根本顾不了太多，眼看着就要弹尽粮绝，如果不能尽快找到工作，可能马上就要流落街头。

我这么告诉自己："能在最艰苦的岁月里不迷失，那么总有一天，我会过上我想要的生活，拥有那种不需要仰仗任何人的美好人生。"

一个人如果能在最艰难的岁月里保持自己美好的品质，而且始终相信努力的意义，那么他的成功就只是时间问题。

就这样，求职虐我千百遍，我待求职如初恋，在即将弹尽粮绝的时候，我终于被一家广告公司录用了，职务是文员。

说是文员，但因为公司实在太小，所以什么事情都得做。

公司一共六七个人，挤在一个只有十五平方米的格子间里，其中有四个是业务员，一个是业务部经理，一个负责平面设计，老板本人负责杂志的排版和印刷。就这样一家公司，我去面试了三轮，才最终留了下来。

就这样，我拥有了第一份工作。

那时，我每天总是第一个到公司，然后打扫卫生，整理文件，一切收拾完毕以后，才正式开始一天的工作。不忙的时候，我还要给每个在大热天里跑业务的同事端茶倒水，同时还要接听咨询电话和帮忙搜集各种资料。

为了确保每本杂志都准确无误地投放，每期杂志出来以后，我还要自己去买邮票，贴邮票，一一核对地址，将杂志放进邮袋里，再扛到邮局去。

为了更好地服务客户，方便联系，我把所有客户的联系明细总结并打印成册。生怕遗漏，所以每隔一段时间我就重新联系、核对一次。

这些琐碎重复而又没有任何技术含量的工作，一度让我觉得枯燥乏味，经常会有辞职的念头。但又必须继续下去，因为我需要这份工作糊口。我对自己说："不要害怕眼前的困顿，能把每一项枯燥乏味的工作坚持不懈地做下去也算是一种成功。

这样的工作我都能坚持,以后其他的工作我也就不用担心了。"

三个月之后,我顺利转正,老板给我加了薪,还传授给我杂志内容资料的搜集和排版印刷等方面的知识。慢慢地我熟悉了杂志的制作流程。虽然我只是一个小小的文员,但学到的东西却受用终生。

后来,老板把杂志业务转让给了一个大公司,而我是除了业务经理以外唯一被留下的老员工,工资涨了一倍,不再跑腿和端茶倒水,只负责杂志的排版和成品的投放。

这就是我刚毕业那段时间手忙脚乱的工作经历。总体来说,收获还是蛮大的,它让我知道任何人都是不可能一蹴而就地过上自己想要的生活的,同时也让我知道只要自己努力付出,日子总会慢慢好起来的。

03

其实,就算我们飞得再高,最终也都要回归到生活的琐碎和人生的无奈当中,不好高骛远,踏实走好每一步,才能离目标越来越近。有时候放低姿态,降低自己的期待值,给自己一个机会,真的很重要。也许这个门槛一开始很低,但只要你跨进去,慢慢沉淀,就能学到不一样的东西,你的平台也会慢慢升高。就像跳高,你总得慢慢加高竿子的高度才能看到自己的潜力和成长。没有人一上来就把竿子放到最高的地方，也没有人会在努力很久以后没有任何提升。

人生有太多的事情需要自己去独立面对，呼吸、快乐、悲伤、恐惧、寒冷、饥饿、贫穷，这些都是别人不能替代的。人要学着独立面对这个世界并与它和平相处。

学会独自面对，并改正自己懒惰、好高骛远、盲目、虚妄、缺乏行动力等缺点，一个人只有把眼前的事情做好了，才能做好将来的事情。一心只想成大事而不顾及眼前的人，都只不过是为自己的懒惰和好高骛远找借口而已。一屋不扫何以扫天下，不能很好地面对现在，做好当前的事情，你又如何能为自己的未来负责？

所以，我想告诉那些刚走上社会的年轻人，千万不要活在自己的幻想中，那些不过是你对自己的误判，不要想那些不切实际的事情，不要只躺在那里幻想而不行动。靠臆想出来的世界终究是要坍塌的，趁一切还来得及，抓紧走出思维的误区才是你应该去做的。

万丈高楼平地起，即使是摩天大楼也需要一砖一瓦的盖起，也需要打好地基。所以每次快要坚持不下去的时候，我都告诉自己再坚持一下，最坏能有多坏，最差能有多差。就是这样的信念，一直支撑我走了这么多年。如今，工作渐渐走上正轨，各种问题也能应付自如，我开始过上了以前自己想而不得的那种生活。

只要你足够勤奋，足够努力，这个社会总会公平待你。不要总想着一步登天，不要把自己最珍贵的岁月白白浪费掉，走好人生的每一步，就是最大的成功。

因为最艰难的路我自己走过，所以我骄傲；因为最痛苦的时候我没有迷失，所以我自豪。

命运靠自己转弯

01

一位姑娘跟我唏嘘,说她最后悔的一件事就是去外地读书。我问为什么。她说不去外地读书的话,就不会遇见现男友,也就不会陷入现在的两难境地。

原来这姑娘在大学期间谈了一个男友。男友对她很好,好到让她觉得大概这辈子都遇不到第二个如他一样的男人了。他们计划毕业就步入婚姻殿堂,可是姑娘的妈妈不同意,强烈要求姑娘必须回老家工作。

姑娘的妈妈也很不容易。她年轻的时候一个人从大西北跋山涉水一路追寻深爱的男人来到沿海地区,可最后却被那个男人狠心抛弃,她带着女儿好不容易才走到今天。眼看着女儿又要步自己的后尘,做母亲的怎么能不心急?

姑娘妈妈说，除非她男朋友在这儿买套房子，并且答应结婚之后到这边生活，不然一切免谈。

可是，对于一个家庭条件不是很好又刚参加工作的人来说，这个要求显然有点超出他的能力范围之外了。再说了，结婚之后到这边生活，这也有点强人所难。姑娘就想着先把生米煮成熟饭，于是打算回家把户口本偷出来，和男朋友直接去领证。谁知道她妈妈早有防备，还安排了请君入瓮的戏码，姑娘刚一回去就被锁在了家里。

在她妈妈的软硬兼施下，姑娘心软了，答应在本地找工作。

现在这姑娘很矛盾，她既不愿意和男朋友分手，又不得不照顾她妈妈的感受，每天浑身都是负能量，做什么都没有精神。

类似姑娘妈妈的这种人现实生活中还有很多，我们经常能听到这样的声音："你看看，我为你付出了那么多，最后得到了什么？你是我的孩子，我绝对不许你步我的后尘！""我吃的盐比他吃的饭都多，他个毛头孩子懂什么？将来少不了要后悔！""不听老人言，吃亏在眼前，当年我就吃了这亏，我还能再让我的孩子也吃这亏啊？"那语气就像是不听他们的劝告，就注定要吃亏上当一样。其实不然，毕竟每个人面对的都不是同一个对象，每个人的经历、教育程度等都不一样，如果就这样武断地下结论，那才有可能是断送孩子们的幸福。

特别是父母对子女的付出，更要放平心态，千万不要总是摆着一副子女亏欠你的样子。爱护、照顾子女，这是你的义务，子女尊重、照顾你，这也是他们的义务。这种义务并不等于他们没有做其他选择的权利，他们的人生只能自己去走。虽说子女都应该尊重父母，但这不是父母干涉他们的理由。

02

现实生活中，很多人都觉得既然你亏欠我，就必须按照我的想法来做事，这种想法是不对的当然会给他们带来诸多的不愉快。

工作当中，新来没多久的同事升职，你不淡定了，跳出来埋怨道："你们看看，这是什么公司？这些年我为公司拼死拼活，大家可是有目共睹的，老板凭什么不给我升职，不给我加薪？"

忙碌一天，你回到家中，看到饭菜还没做好，立马开始抱怨："这一大家子人都靠我养活，回到家却连口热饭都没有，这日子过得还有什么意思啊！"

朋友聚会，没叫上你，于是你就继续抱怨："现在这人啊，都是用人朝前，不用人往后，都是一群白眼狼，我刚刚帮过他，这一抬脚就忘了。现如今啊，就不能做好人！"

如果所有的付出和得到都画上了等号，也许这世界就没有矛盾了吧，然而这样没有任何变化的人生还叫人生吗？你愿意过这样的人生吗？人生的精彩之处其实就在于得到与付出的不确定性，这样才能让我们的生活每天都充满期待。幸福来之不易才能更懂得珍惜，付出很多得到一点点回报也要懂得感恩并知足。付出与得到永远都不可能相等，只有当得到小于付出时，我们才会理解人生的意义。

03

《小王子》里有这样一个情节：

小王子驯养了狐狸。当小王子快要离开的时候，狐狸说："唉，我想哭。"

小王子说："这是你自己的过错。我从未想过要使你难受，但你却要我驯养你。"

狐狸说："是这样。"

小王子说："可是你现在又要哭。"

"当然了。"狐狸说。

"这样对你没什么好处。"小王子说。

狐狸说："对我有好处，有了麦子的颜色。"

这是我特别喜欢的一个情节。是的，无论付出的结果如何，我们都收获了"麦子的颜色"。光是这样，就足够我们温暖地活着。感恩并知足，付出再多都不要后悔，是那"麦子的颜色"成就了今天的你，并且会继续成就未来的你。

　　做任何事都有风险的，在你迈开脚步的那一刹那，风险就会伴你左右，也许你根本得不到回报，可你不能退缩。坚持走下去，你遇到的不一定是宽广的大路，也有可能是死胡同或者悬崖；一口井挖到底挖出的可能并不是水源，而是坚硬无比的岩石层。这时也许你会抱怨、不甘，觉得自己付出了这么多，总该得到点什么，然而眼前却是一片荒凉。

　　但是，追逐的过程就很美好，不是吗？你收获了追逐的快感，你享受了事情的过程，在付出的点点滴滴里，你学会充实并感恩你的生活。一切都不会那么完美，这世界上有人笑，就会有人哭，有人得到，就会有人付出，不要问为什么不是你得到，因为你将要得到的也许正在路上。即便到最后什么都没有得到，你依旧收获了"麦子的颜色"，这才是最重要的。

04

　　曾经有一些朋友问我："从山西来到北京这么多年了，你后悔过、失望过吗？"

我回答:"我从未后悔,也不曾失望。"

听我如此说,朋友感慨万千:"你运气真好,能够遇到那么多愿意帮你的人,做自己喜欢的事。"

我说:"不,我不失望的原因是无论漂泊多远,我都不会把自己人生的希望寄托在他人身上。你寄托越多,失望就会越多,这样别人会压力很大,你也会觉得委屈。时间久了,人与人之间的情感就容易出现问题,这样对彼此都不公平。对家人、对朋友、对同事的付出,我从来不去考虑能从中得到什么。这样即便什么都得不到,我也不会抱怨,不会唠叨,这样就不会失望,相反每得到一点东西,我都觉得很幸福。"

人生本就是一场充满未知的奇幻旅行,忠于自己的梦想,认真对待每一件事。得之,我幸;失之,我命。无论现实如何待我,我都心甘情愿,如果我们都怀着勇气一心向善,那结果一定不会太差。

你要怎么做，才是爱自己

01

以前，我以为爱自己就是以自我为中心，有了情绪就发泄出来，喜欢穿什么就买，喜欢吃什么就买。

我的同学橙子，是个很漂亮的姑娘，肤白、腿长，十分爱美，很舍得在穿衣打扮上下功夫。

橙子没有存钱的概念，工资全部用来买衣服和化妆品，每天看她穿的衣服都不重样，什么流行她就买什么。时髦又前卫，加上高挑的身材，一直是我们身边的"白富美"。

橙子经常说："女人就是要爱自己，喜欢什么就买什么。"

可是私下里我们发现，橙子找很多人借过钱，而且有的数额过万，超过了一年还没还。刚开始大家都不好意思说，怕对橙子的名声不好，后来几个人聚会，说破了这件事，才发现不是个例。大家都很气愤,指责她有钱买奢侈品,却不还别人钱的恶劣行径。

后来大家才知道,她根本不是"白富美",父母都退休了还在四处打工,就是为了贴补她,让她过上好的生活。知道真相的我们,觉得她的人品堪忧。

然而这样的舆论,并不妨碍橙子随心所欲地"爱"自己。现在的橙子虽然是一名经济独立的女性,可以自己挣钱养活自己,她用各种大牌打扮自己,实现她口中说的"爱自己",可她忽略了在品格、教养和精神上提升自己。

在这个时代,很多人都倡导爱自己,挣钱就是用来花的这种理念。很少有人告诉你不要一味地去追求购物的快感,要做长远规划,考虑未来的基本生活保障。不要在面对账单时,在经济捉襟见肘时,才感到尴尬和后悔。

冲动购物的快乐并不会长久,甚至不仅不快乐,后期还会伴随着莫名的痛苦。

直到后来我才明白,爱自己不是一味地满足自己的物质欲望,也不是以自我为中心,只关注自己的需求。而是知道自己要什么,不自我设限,敢于去追求。

不把自己的期望寄托在别人身上,而是把自己变得更好,更值得别人尊重和喜欢。这才是爱自己的正确"打开方式"。

别只顾着追求物质上的爱自己,而忘记精神上的滋养才是根本。相比于物质,要更爱自己的灵魂。

02

如何才算是爱自己的灵魂呢?

告别过去,把一切的不好都归零,那些不开心的记忆,学着忘记吧。不要让过去的事情影响当下的心情,过去的已经过去,而你也一直在成长。

经历是最好的老师。犯了错,下一次我们就绕开了;爱错了,我们就知道自己真正需要的是什么。今天我们为别人的一句话而辗转反侧,过了一年我们可能都忘记了对方说过什么。成长会告诉我们最后一切都会过去,要学会把自己重新归零,告别过去,无论是沮丧的还是骄傲的。

有几个正确爱自己的方式如下:

适时奖励自己

小的时候很容易满足,考试得了满分,家长就奖励我们好吃的、好玩的。长大了,很多东西自己可以买到,却没了那种开心。所以,我们不妨给自己设立一个奖励机制。比如,完成了一个项目,奖励自己一次旅行;减掉了五公斤,奖励自己一身之前舍不得买的衣服;这次考试考得很好,奖励自己一顿大餐……哪怕是提前把明天的任务完成了，也可以奖励自己。

反正你总会有一些想做却因为各种原因而拖沓的事。用这种奖励的方式，让自己获得成长后的充实感、满足感，这就是爱自己。

别太在意别人的感受

太过在意别人的评价，容易委屈自己。有时候其实我们并不喜欢做这件事情，但碍于人情而不得不去做。其实当我们累的时候、忙的时候、心情不好的时候，不想帮助别人了，就要懂得拒绝，凭什么委屈自己讨好别人。

但如果是自己心甘情愿地想帮，而且那件事确实他自己不能做，需要你帮助，该帮还是得帮。无论世界多复杂，我们还是要保持善良。

养成健康的生活习惯

不要熬夜，饮食尽量做到清淡、营养，还有每天要保证适量的运动量。

我们公司有一位女同事，包里常年放着运动鞋，坚持走路上下班，十年如一日。运动给她带来的那股特有的活力，让她看上去比实际年龄至少小十岁。

她总说："我每天快走不是折磨自己，我可是最爱我自己的，我爱自己的方式就是尽可能地延迟衰老，即使在生命逝去的那一刻，我也要又瘦又美。"

　　谁又敢说她不爱自己呢！路漫漫其修远兮，吾将上下而求索！享受爱自己的过程，把它变成一种自然而然的习惯，我们终会拥有属于自己的美好人生。

你的努力,不是为了做给别人看

01

我的一位大学学长毕业之后没有继续读研,而是凭着毕业院校顺利地找到了一份还算不错的工作。但到岗之后,他却发现自己有些力不从心:其他人一天就能写完的文案,自己却抓耳挠腮不知道如何下笔;其他同事一张口就能说出来的引文资料,他在大学里压根翻都没翻过。

在学校里考到及格就算是完成任务的做法,在工作上却应付不过去。在公司里,每一篇"作业"都要算业绩和任务量,这令他很是头疼,甚至滋生了辞职的念头。

可此时就辞职的话,他专业能力不过关,也不一定能再找到和本专业对口且薪水和待遇都还不错的工作;如果让他就此纡尊降贵去做销售和文员,他又太不甘心。

就这样勉勉强强在公司里混了一年后,学长终于下定决心专心考研,希望认认真真地努力两年,把自己曾经在大学里荒废的学业补起来。

再见面时,他诚恳地告诉我们说,不管别人有没有要求,不管有没有外界的压力,我们都应该努力学习。工作之后他才知道,不懂的地方就是不懂,曾经偷的懒迟早都要以别的方式让你还回去。只要对自己还有所要求,什么时候都绕不开自己真正的缺陷,索性还不如早知道的好,也免得像他那样耽误了整整四年时间。

02

无独有偶,好友小韵毕业后的工作经历和学长的领悟有些相似。

小韵在第一家公司上了几个月班之后,发现所在部门的领导平时不太关注工作细节上的问题,主管又是个没有原则的老好人,员工有什么工作上的差错,他都会帮着一起补救。在这样的工作氛围下,她有很多同事都借着工作的清闲,上班时间打游戏的打游戏,听歌的听歌。领导在的时候,这些同事就装出一副努力工作的样子,领导一走就纷纷原形毕露。

在这样的工作氛围下,小韵始终还是坚持着自己的原则——一个职场人应该恪守的基本职业道德。但凡涉及她们部门工作上的流程问题和技术问题，她都会去观察市场上新的模型，分析这些样本的优劣。甚至有些国外的新产品，她也会托人带一两个回来研究。只要涉及新思路新技术，她能问就问，能查就查，有机会就实践。

这样的态势维持了两年多之后，总公司觉得她所在的这个部门实在效率低下，是个可有可无的部门，从没做出什么成绩，遂下决定把这个部门撤掉。

这下她那些已经被日常工作的舒适惯坏的同事都恐慌了起来——公司给的遣散费也就三个月的工资而已，他们未来却还有漫长的路要走，在年龄不上不下的时候重新开始太难，想要另谋高又没有可以与工作岗位匹配的专业技能。

小韵并没有他们那么着急，这几年她花在专业技能上的心血并没有白费，靠着这些综合优势，她很快就找到了新的工作。

在我们谈到她那些上班听歌打游戏的同事时，她说，很多刚入职的人都有少干活多拿钱的投机心理，他们不想对工作负责，也不想对自己的人生负责。他们之所以能在工作岗位上继续待下去，只是因为找到了攻略领导的"正确方式"。但这样做风险太大了，一旦领导离职或公司有什么变动，他们就失去了竞争能力。

03

她的话让我想起了一个经典问题——既然大家都知道努力对人生有好处,可为什么还是有那么多人选择了不努力呢?

这是因为,这个世界上有很多没有摆脱固化思维的人,就像我大学的那个学长一样,把努力看成了一种应付老师和家庭的差事。他们不明白什么是自己真正的兴趣,找不到努力的内驱力,只带着一种完成任务的心态,做到他们工作或学习上所能达到的最低标准。

真正的努力是发自内心地自我鞭策。它不是外在的作秀和表演,它甚至不需要外界的承认,而只需要内在动力。

有一句经典台词:"出来混,迟早是要还的。"这个"还"字,其实说的就是我们每个人最终都免不了要面对自己,只有自己才知道自己在哪个层次。没有设定自己的目标和人生格局,把所有眼前需要做的事情,都看成一种不得不为的任务,一种需要别人来检验的差事,就无法避免最终随波逐流的宿命。

记得有一个坚持健身的人告诉我说,很多人一直在尝试说服自己投入时间和精力去健身,他们看到别人的好身材时都会羡慕,但是他们自己却常常坚持不了多久就放弃了。这是因为他们内心深处把健身这件事当成一种障碍,一种随大流的时尚,一种展示自己正在为健康而努力的外在表演,而不是把它当成自己健康生活的很自然的一个部分。

记住,成年人的任何努力,都不是做给别人看的。外在的要求,成不了我们内在的动力。努力去做一件事,应该是为了完成我们自己内心的目标而自我要求。

那些为学习某种知识做出的努力,从来都不是为了让别人满意,它应该成为我们丰富自己内在的途径。

每个专业所需要的知识不同,努力的方法却都差不多。进取和提升,都需要我们投入时间、精力和决心。真正的努力,不仅仅是获取知识的手段,而是找到属于自己的那套循序渐进的模式,形成自己的求知习惯。若是能做到这点,那么即使知识迭代更新,这套模式也还是会继续延续下去的。不管时代如何变化,那些领悟了努力真谛的人,都会循着这套模式攀登新的人生制高点。

世界上没有无条件的帮助

01

我有个亲戚,孩子刚出生时,她找一个在德国读书的同学帮忙代购几罐婴儿奶粉。

那个同学因为还在上学,逛街的时间并不太多,虽然最后还是帮亲戚买了奶粉,但是在持续了半年之后,终于忍不住在朋友圈里吐槽——大概意思是说,现在的人实在是太没有界限感了,明明知道她在考试季,还总是催她帮忙带东西。

亲戚当时也看到了这条朋友圈,但她什么也没说,只是默默地屏蔽掉了这个在德国读书的同学。

又过了几年,亲戚生二胎的时候,她那个同学居然主动打电话来问她要不要买奶粉。亲戚有些惊讶,那个同学解释说,她现在已经毕业了，在做职业代购，如果亲戚还有需要，她可以打折。

亲戚一开始冷着脸挂了电话，但是货比三家之后，发现这个同学的代购算是最物美价廉的，几乎没有赚什么差价，只是额外收了一些辛苦费。

亲戚权衡了几天之后，还是给那个同学回了一个电话，告知了自己需要的奶粉数量。对方跟她确认了品牌和价格之后，很快就把货发给了她，并发微信向她解释："我原来是个学生时，几乎没有接触过这方面的信息，所以不能给你提供代购帮助也是正常合理的，但是现在我们是等价交换了，我会在价钱合理的范围内给你提供我力所能及的服务。"

亲戚把这件事告诉我时，我说："反过来想想，其实这样也不错，花钱享受等价的服务，这样的事情对双方都有利，也能长久。如果总是无条件地享受别人的帮助，一个人总欠着另一个人的人情，这件事未必就能顺利地进行下去，就算你那个同学愿意，帮忙的次数太多，你也不一定好意思开口，还不如进行这种有条件的交换呢。"

亲戚同意我的观点，她说："确实如此，其实没有人愿意一直无条件地帮助别人，双赢才是一种对彼此都有效的激励，这样双方才有兴趣将一件事继续合作下去。"

02

亲戚的经历,让我想起了自己刚入职时的情景。入职的前半年,工作上的很多事情我都不懂,日常工作开展得也不太顺利。有时候,领导交代我第二天要做的事情,我自己不太想做,就用邮件把工作内容发给男朋友,让他帮我搜集各种资料,甚至有时候一些需要做PPT,我也会打电话让他帮我做好,然后发到我邮箱里。

后来某一次,我让他帮我处理一个报告中的数据时,他当天答应我了,但第二天要交给领导审核前,我打电话问他为什么没把我要的东西发给我时,他却在电话里告诉我说,他这两天太忙,实在没有办法帮我做,让我自己想办法搞定。

我当即在电话里和他大发脾气,他一句话也没有解释,只是在我要挂电话的时候说了一句:"这到底是你的工作还是我的工作?我是真的为你好,才会告诉你,这个世界上不会有人愿意无条件地帮助你。成年人的世界里,没有人帮你才是常态。你只有明确了这一点,才会有自主意识,才会开始学着自己处理工作上必须要完成的那些事情。"

赌气挂了电话后,生气归生气,但是领导布置的任务却不能不完成。没办法,我只好自己硬着头皮开始处理各种资料,核算项目文案中的各类数据,审核各种信息资料的准确性,一直加班到凌晨，才把项目报告中的各类文件整理完备。

当我自己跑完一遍完整的流程之后，我才真正弄明白领导说的工作中的关键点是哪些方面，同时也理顺了这个项目中的哪些环节是我自己可以优化的，哪些是完全不能改动的。另外，我还知道了哪些环节是必须掌握的核心部分，一点也不能马虎，哪些地方可以不用太过紧张。

自己做过一遍后我才明白，如果我没有摆脱工作上对男朋友的习惯性依赖，我就没办法领悟到这些东西。如果我没有认识到无人帮助才是工作中的常态，我也不会下决心放弃依赖别人，靠自己去完成本该由自己完成的自我成长。

这几年，当每一次想要责怪别人没有帮我的时候，我都会想起那句话：成年人的世界里，没有人帮你才是常态。当我每一次靠自己的努力做完那些看起来很难的事情时，我都能感觉到，这些尝试不仅让我学到了更多知识，也令我的内心更加强大。

03

其实，不仅是我，这个世界上的很多人都带着"唯我独尊"的潜意识，内心都渴望着别人能够无条件容忍自己的个性，或是无条件地为自己提供帮助。但在现实世界里，绝大部分人都是有着自己情绪的普通人,他们只会关注自己本身的悲欢离合,或是自己的需求,很难挤出时间看到别人的需求,也很少有人愿意一直无条件地帮助别人。

所以,要想活得更好,我们首先就要从意识中放弃对别人的这种期待。

在学生时代,我们通过书本了解到的世界,很多都是经过我们自己不完整的认知粉饰和雕琢过的世界。我们在学生时代受到的家庭教育和学校教育告诉我们要与人为善,但对于真实的世界来说,我们既要与人为善,又要学会保护自己。

事实上,在生活里,没有人会一直无条件地帮助我们,就连我们的父母提供给我们的帮助,也有出现意外的时候。不把人情看成常态,才是靠自己去努力的真正前提。也只有这样,我们才有可能成为一个真正独立自主的人。一个能把自己当成自己的底气,勇敢面对前路风雨的人。

真正的独立，是拒绝被世俗标准绑架

01

我有一个闺密，从高中时就和一个男生谈恋爱。大学毕业后，包括他们自己在内的很多人，都以为这段爱情终于要开花结果时，没想到因为一点儿小误会，两人坚决地分手了。

因为这次恋爱，闺密好几年没再谈恋爱，眼看着变成了别人眼里的"大龄剩女"。她自己本身不在乎，但是她妈妈很着急，亲友聚会，日常生活，但凡见到那些七大姑、八大姨时都是同样一句话："能给我们家妞妞介绍个男朋友吗？"

一开始闺密并没有太在意自己的婚姻问题，但出于孝顺，妈妈让她相亲她就去相亲，让她尝试和那些别人眼中"不错的男生"交往时，她也会主动和对方交换联系方式。

因为那些相亲的男生大多与她没有什么感情基础，聊完了最初的基本问题后，双方便都没了继续深入了解对方的欲望，彼此很快就不再联系了。

但闺密的婚姻问题在他们家几乎已经成了头等大事，有时候她只要稍稍显露出一点儿疲态，她妈妈就会展开攻势，眼泪汪汪地控诉自己是如何含辛茹苦地把她养大，又是如何担心她的未来。在这种亲情攻势与"嫁人才是女人的最终归宿"这类观点的捆绑下，闺密十分无奈，只能不停地在这种"相亲，再相亲；分手，再分手"的状态里循环。

后来，她妈恨不得跪下来求她："能不能别再挑，找一个条件差不多的，就把婚结了吧。"

"女儿没结婚"几乎成了闺密妈妈最大的心病，感觉都没脸出去见人，每到过年想到闺密又大了一岁，她妈妈就又开始哭哭啼啼地念叨她的婚事，搞得整个家都一片愁云惨淡。

闺密咬牙对我说："下一个，只要条件差不多我就跟他把婚结了，就当是为了哄我妈开心，我结了再离都行。"

她终于结婚，婚后告诉我们，她与丈夫结婚的理由是为了让家人开心，在亲戚朋友间有面子，证明自己没有什么生理问题。

婚后几个月，她发现老公不仅脾气不好，还透支了多张信用卡，自己莫名其妙就背了十几万债务。

这一次，闺密又举全家之力，耗费了巨大的精力，终于把婚离了。她妈妈也终于不再逼她了。她和我们苦笑着："在世人的眼里，一个三十几岁的离婚女人，看起来比还没结婚的女人要正常得多。"

我告诉她，儿女的婚姻牵动着父母的心这个问题，在当下的时代里是一种常态。父母虽为儿女着想，但思想仍旧处在他们那个年代的标准下，他们认知的局限性和关爱儿女的本能是共存的。但我们可以自己决定听不听他们的。很多儿女，之所以会被父母那些不合理的要求绑架，会被那些符合世俗标准的观点绑架，是因为潜意识里没有脱离固化思维里对他人的依赖，没有摆脱对父母情感的认同，没能真正形成自己独立决策的习惯。

这个时代，有很多这样的人——明明在年龄上已经成年，但在情感上却依然还没有毕业。潜意识里对父母的情感依赖，是我们从出生就有的。我们成人之后，也带有这种惯性，把对他们的盲从理解为孝顺。在这样的思维惯性下，当父母辈的认知被世俗标准绑架时，我们的独立决策能力就会在无形中被我们附着在他们身上的情感所绑架，在这种情感共生的状态下，作出错误的选择和判断。

02

记得有个朋友在闲暇时，曾向我说起过她的一个学长。这个学长比她高两届，大三时就去了一家知名的公司实习。她毕业的时候，学长已经成为那家知名企业的正式员工，还靠着薪资和贷款在北京买了一套房子。

朋友说，她那时候刚毕业，第一份工作的工资税后才2500，在北京买房的事对她来说无异于天方夜谭。在她们那个普通的二本院校里，学长一时成了很多人心目中的传奇人物。

更令人羡慕的是，学长毕业之后就和自己大学谈的女朋友结婚了，成了别人口中标准的优秀青年。

遗憾的是，结婚不到三年，他老婆就提出了离婚，坚决到一点儿挽回的余地都没有。

学长以前是个绝对事业型的男人，在他的标准里，所谓的成功男人，是应该在外面的事业上冲锋陷阵的，所有的家务他一概不伸手，都该由老婆来做。结婚三年，他们夫妻俩甚至都没有出去旅游过一次，面对老婆的质疑，他说她这是享乐主义，人要趁年轻多拼搏，资产充足、出人头地后才有资格享受生活。

在他老婆提出离婚之后，很长一段时间里，他都无法理解他老婆的决定：他已经在大城市买了房子，那些成功人士该有的能力他一样也不少，他的妻子明明可以在人前风光，为什么还对他有这么多的要求。

痛苦了几年后,他偶尔看到了前妻在微博里发布的旅游照片,再婚后,她嫁给了一个各方面条件都不如他的人,但是脸上却有着和他在一起时从未有过的幸福、轻松的表情。

他开始反思自己以前的生活方式,似乎他一直都活在别人的眼光和这个社会界定的成功标准里,从未真正考虑过自己内心的需求。

反思过后,他决定听从自己内心的召唤,换了一份比较轻松的工作。他重新装修了房子,所有家务都亲力亲为,培养了很多跟赚钱无关的爱好,做菜、做蛋糕、插花;重新捧起了专业书籍以外的书,每年出去旅游好几次,把一部分游记整理了之后出了两本书。在做这些事的时候,他愈发地认识到,他本来可以和前妻拥有更丰富又愉快的生活,但是这些都已经被他错过了。

03

其实,真正意义上的独立,就是自己成为自己生活的掌控者。不管是父母的要求,还是世俗标准意义上的价值观,都不应该干扰我们的理性判断,不应该影响我们的自我坚持。

独立的路之所以难走,并非是因为外在的妖魔鬼怪的阻扰,而是内心的艰难跋涉自我困扰。很多时候，不管是父母口中的好，还是世俗标准上的好，不一定就是完全适合我们的。我们要学会拒绝思维中那种错误的认知惯性，拒绝被世俗标准绑架。我们需要接受这个世界的丰富性，相信真理不仅仅只有这一种判断，拒绝狭隘，尊重不同，这才是真实自我的开始，也是自由选择的可能性的发端。

这些年，我不止一次听人抱怨过自己的父母，抱怨过世界。但总会有那么一些人，拥有着我们向往的圆满和自由。我一直都这样告诉那些抱怨世俗标准的人：你要相信，当你对你想要拥有的生活有足够的认识能力，对自己要追求的那条道路也足够坚定时，整个世界都会为你让路的。

第五章

所有的
颠沛流离
都是为了
成就更好的你

通往卓越的路,从来没那么简单

01

某天和朋友聚餐的时候,无意间谈到了我们几个人公认的一个厉害的人。其中一个朋友说,有一次和这个人一起出差,上午开车去考察,下午奔赴另一个城市开会,吃过晚饭,又要回公司处理日常事务。朋友跟着这个人跑了一上午,就开始呵欠连天,到下午人家还在聚精会神地开会的时候,而他却偷偷趴在桌子上睡着了。

朋友说:"都不知道这位大佬是怎么做到如此精力旺盛的,自己晚上回到家时,全身的骨头都快散架了,而人家居然还能回到公司加班至深夜。"

记得网上曾经流传的大家耳熟能详的几个商业大佬,几乎个个都是凌晨就出门,半夜才回家。

这些人，看起来就好像是不知疲倦的陀螺，永远都是那种饱满的工作状态。甚至我有一个朋友在她写过的一篇文章里，开玩笑地说："像任正非那样的企业家，数十年都对工作保持着一种亢奋的状态实在太难了，一个人能做到这一点，想不成功都难。"

虽说是调侃，但我觉得有一点她说得很对，现实中我见过的很多厉害的人，虽然性格各异，但是有一点却是惊人的相似——他们大都精力旺盛，能在承受重压的状态下持续进行高强度工作，十几年不间断。

这些人常常会让我联想到日常生活中遇到的很多年轻的学生，在提到那些优秀的人或者那种通俗意义上的成功者时，他们总是会下意识地评价这些人"他们实在太聪明了，所以能看到别人看不到的商机和机遇"。他们都以为，成功需要聪明，只要一个人足够聪明，在很多事情上就不需要花太多的时间，或者成功只需要一个商机或者机遇就唾手可得。

事实上，和这些成功者同期创业的人有很多，很多人也发现过这些商机，但大部分人都没有成功。

有一项科学研究表明，真正意义上的智商极高或是极低的人，都只占人群总量的一小部分，而这一部分人并非是智商分布的常态，这样的概率微小到几乎可以忽略不计，绝大部分人仍然是普通人,智商大都处于平均水平。

所以,可以这样认为,我们和大佬之间的根本差距,其实不在于智商。或许他们拥有更多资源,见识过更广阔的世界,但若是把我们的奋斗历程放在同样的维度上比较的话,谁能投入更多的时间,谁更有足够耐力把一件事坚持下来,之后你会发现同样一件事,大佬总是比普通人更能坚持到底。

02

《把时间当作朋友》一书里,李笑来老师讲述了钟道隆先生学英语的事。他说:"钟老师四十五岁才开始学英语,三年之后就成了高级翻译。钟先生学英语的方法其实并不多么高深厉害,人人皆可模仿,只是不一定人人都有他这样的自制力,肯约束自己,每天晚上都投入大量的时间和精力去学习而已。"

钟先生在这一点上非常坦率,他说:"自己为了学英语,坚持每天听写20页A4纸的英文,不达到目的绝不罢休。他将这个习惯坚持了整整三年,听坏了3部收音机,4部单放机,翻坏了2本字典,写完了不知道多少支圆珠笔芯。

长期保持专注的学习状态,非常消耗人的意志力,无法持续严格要求自己的人,是坚持不下来的。

某一次看视频,记者采访一个年少成名的作者,问他当才华和勤奋这两样东西同时摆在他面前时,他会选择什么。他毫不犹豫地回答说,自己一定会选择勤奋。后来他解释原因说:"这个世界上有才华的人很多,而能在有才的基础上还不停锤炼自己的人,才能获得成功。"

其实,很多人的人生,并不是赢在起点,而是赢在耐力。

03

记得在阅读《曾国藩的正面与侧面》时发现,一个人变优秀的过程,是一段整个人生层面上的长跑。这个自我修炼的过程,更像是一场拉锯战,所有人都是在失败与挫折中不断修正,不断成长的。

作者在写到曾国藩戒除自己的不良嗜好时,说他会每天坚持在日记中自我反省,提醒自己不要犯戒,一直到自己完全戒除了不良嗜好。

他写曾国藩为了改掉自己性格中贪图享乐的那一面时,会长期反复地锤炼自己抵御诱惑的意志力,记录下哪些交往和娱乐对自己来说是必要的,哪些娱乐是没有必要的。这样反反复复坚持几年后,他终于改掉了那些不良嗜好。

事实上,人在变优秀的过程中,是不可能一帆风顺的,更不可能毕其功于一役。在自我完善的过程中,一个人肯定会经受无数次的失败与挫折，甚至是倒退。

这只能证明优秀需要聪明，可是优秀不仅仅只是聪明。能明白变优秀需要投入漫长的时间，付出大量的努力，本身就需要极强的领悟力和自控力。

真正能让自己获得提升的事情，一定会经过痛苦和煎熬。明明知道应该努力，却指望着靠投机取巧获得成功，这是一种典型的固化思维。发展优秀的习惯，不但需要从兴趣出发，还需要做很多"我们本来没什么兴趣"的枯燥事情。

所以，我一度对很多"简便方法"产生过怀疑，因为它们在实际生活中用处并不大。在靠持续努力才能达到的状态里，几乎可以忽略不计。很多年少成名的人，到中年时就开始走下坡路，正是因为他们年少时过度依赖自己的才华，轻视了努力的作用，总希望靠着聪明找到一条捷径，想靠着独家秘诀去赢，或是用战略上的勤奋掩盖战术上的失策。殊不知在这样一个信息化的时代里，想找到所谓的"信息不对称"已经越来越难，就连创新也必须是在到达一定程度之后才能做到的。而要想达到这个程度，就必须花费时间和精力。

要想让自己变得更优秀，只能依靠两件事：策略和坚持。而坚持本身就应该是最重要的策略之一。

那些为了提升自己而疯狂努力的人，他们的狂热和亢奋永远只是表象，他们成功的内里不仅仅是"疯狂"，而是持续"疯狂"很多年。

一切都会过去,一切都只是经过

01

曾经有一位很要好的朋友问我:"无论现在多么悲伤,多么不幸,未来都总会好起来的对吗?"

彼时的她,刚刚经历了父亲意外逝世与恋人不告而别的双重打击,于是在一个个夜晚无助地哭到双目红肿。

当她问我这句话的时候,我们正坐在夜幕下的西湖边。对岸灯火辉煌。

我想起电影《这个杀手不太冷》里的情节:

小女孩玛蒂尔达睁着干净清澈的双眼,认真地问身边的杀手莱昂:"人生总是艰难吗,还是只有童年如此?"

莱昂回答:"一直是这样。"

可我不会对那个女孩子说"一直是这样"。因为我知道她一定会好起来。

我相信她,也希望她能够相信自己。

可是,在许多真正的悲痛面前,安慰似乎都显得太过苍白。

我只有一天天陪着低落的她,希望她想要倾诉时,至少可以得到一个温暖的怀抱。

然而我这个"怀抱"却似乎很少派上用场,尽管我每天都做好了充足的准备——包里随时放着柔软的纸巾(用来拭泪)、甜蜜的巧克力(含有使人欢欣的苯乙胺)、冰沙喷雾(哭后镇定肌肤用)以及她最爱吃的芝士饼干。

它们日复一日躺在我的包里,这让我感到自己就像一块每天都在充电,却从来没有被放进遥控器里的电池。

我不怕自己能量被浪费,我只担心好朋友表面装作平静,内心却被悲伤填满。

同妈妈打电话时说到这件事,我告诉妈妈我很苦恼。我想要安慰自己的朋友,可是实在不知道该怎么办。

"看她眼神飘忽的样子,心里真的很难受。可是她不开口,我不知道什么时候她才能好起来。"我说。

妈妈却告诉我,无论我有多么想要帮忙,现在我能够起到的作用也十分微小。

"那谁能够帮忙?"我问。

"只有等待了。等这一阵子过去,她才会好一些。"妈妈叹了口气说,"就像感冒,总要经过那么一个过程……急不得的。"

这个答案让我觉得十分沮丧。

时间,时间。

我们都相信它是治愈一切的良药,可是我们依然无法忽视病痛没有痊愈前真实的痛苦。

我想到她那一天问我"未来是否会好起来"的样子:鼻尖发红,眼睛肿得似核桃,双颊的皮肤被多次的拭泪擦得彤红,整个人像在晚风中的一团粉红色的忧愁。

我想她一定希望我的答案是:会的,未来一定会好起来。

可是当我确实给出了这样的答案,她却依然觉得不够。

她渴望被拯救,可是她又深深地知道,这一切并不是那样容易实现。那深不见底的悲伤,有时竟如同一片残忍的沼泽。

她想要被帮助,我想要帮助她。可是最终,我们谁也改变不了悲痛的真相。

02

悲伤、快乐,都可以被分为很多个级别。

错过最后一班车,答错考卷,表白失败,手机被偷,意外患病……这都是生活中常见的悲伤。

它们像是一只只怪兽，夺取我们的快乐，侵占我们的生活。我们唯有振作起来，用坚定的信念将它打倒。

可是她所遇见的这只悲伤怪兽，似乎特别强大，强大到一时不知该如何应对。

在后来的日子里，她渐渐地恢复了正常的样子。上课、参加社团会议、吃饭，甚至恋爱、分手，一切都同普通的大学女生没什么两样。

大概只有我这样的亲密好友，才会感觉到——她依然不快乐。

可是我还是不知道该如何安慰。时间过去得越久，曾经的伤痛就越没有道理被猝然提及。我只有一天天等待着那个她需要我的时刻。

而这个时刻，似乎越来越远了。

她不仅减少了与朋友谈心的次数，更是几乎不再使用任何的社交软件。

打开手机或者电脑，我们总是可以轻易看到周围朋友们的一切快乐与难过——那些相片、动态、日志、音乐，都记录着我们的灿烂青春。

只有她，了无消息。

后来的后来，过去了三年。

我们都已经大学毕业,我继续读研,她则回到家乡珠海工作。

各有各的繁忙,联系也日渐变少。旧日同学们大多都是在社交网络中了解着彼此的动向。

而她,依然静静地躺在那个角落。我偶尔会点进去看看,主页仍保持着三年半之前的动态:

"今天和小Ａ去吃了好多大鸡腿。说好的减肥呢?!嗝!"

在那时,后来的种种不幸还没有降临在她身上。

看到这条动态,还是会让我忍不住嘴角上扬。

——亲爱的女孩,多希望你像从前一样快乐。

之后的某一天,当我点进去浏览她的主页,竟看到了一张新发布的照片。

日期已经是好几天前。也许是因为她太久没有更新动态,所以没有多少人关注,这张照片很快就在众多好友的动态中被刷到了看不到的地方。

照片上的她站在一个小小的花店旁边,指着一朵鲜艳的郁金香咧着嘴笑。就是那种——一个年轻女孩不好意思被拍照,因为不知道摆出什么姿势便毫无防备地傻笑起来的样子。

在那张照片下面,她写了一段不长不短的话:

"今天天气真好,很明媚。公司里几个朋友一起来陪刘哥买花，准备给未来的刘嫂求婚。王姐一直在说她女儿好玩的事情，还拿了照片给我们看。小冉一直在我后面'杜姐，杜姐'地叫着，不知不觉发现我也当上前辈了。同事们都很好，就像今天珠海的阳光。"

曾经有人说，当你看到过去的朋友去了你不认识的地方，陪着一帮你不认识的新朋友，讲述着你没有参与的生活的时候，你会觉得特别特别的失落。

而当我看着她这张落满阳光味道的照片的时候，我眨了眨眼睛，顿时便热泪盈眶。

——却完完全全不是因为失落。

我只是突然感受到，她真的好起来了。

因为她好起来了，所以才会那样认真地记录下周围的每一个人，才会对生命中的温暖都这样充满感激。

就像一个之前都被哀痛控制了的人，突然夺回了主观意志的控制权，重新在激动与欣慰中环顾着自己当下的生活，满怀着感恩的心情。

也许在别人看来，她只是三年半都没有更新自己的主页，突然放上了一张自己的相片。

可我知道，在这三年里，她是怎样从悲伤到落寞，怎样将痛苦渐渐融入骨血，又终于被新鲜的快乐与幸福充实了内心。

03

我依然记得三年半之前,她问我,未来是否会好起来。

在那个时候,我知道她心里有多么多么地恐惧。

而我,纵使毫不犹豫地给了她积极的回答,却又多么担心悲伤会在未来的日子里,如影子般缠着她。

在那个时候,无论是她还是我,都多么希望除了时间漫长的治愈外,还会有其他令伤口迅速愈合的办法。

我曾经觉得痛苦是人生中无法摆脱的不幸。

可是当我看到她在阳光下温暖的笑容以及幸福的生活时,我突然觉得心里充满了平静。

最终,一切都会过去。

而在这之前,一切都必须经历过。

我们都曾经悲伤泪流,也曾经以为一切覆水难收。

我们都曾经向往阳光,也幻想宇宙中可有一人将我拯救。

可在阳光到来之前,你唯有静候,再静候。

给时光以生命，给生命以时光

01

我曾经听人说起过这样一种树：被种下之后，头几年生长得很慢很慢，让人甚至会以为它已经死掉了，可是等到若干年后，它却会焕发出惊人的生命力，在很短的时间内便可长成一棵参天大树。

原来，它生命的前几年都是在用力地扎根。直到那深深扎入深处的根为它提供了强大的后盾，它璀璨的历程才真正开始。

在我们的生命中，同样也需要有扎根的时刻。

六月，毕业季。每一位将要毕业的学生，都必定怀着极为复杂的心情。

当然会有不舍——昔日同窗好友就要各奔东西；也会有些许激动——这么多年读书考试的生活终于告一段落；难免还会

有一点点迷茫——未来的生活究竟会怎样?

　　但是在这一切到来之前,你首先要解决一件事:顺利毕业。

　　在应试教育下长大的孩子们,个个都要经历"中考""高考"两大选拔历练。成功者顺利进入下一回合,失败者打回原处来年再战。

　　看着昔日同窗过上了好日子脱离了课堂,复读的孩子们心中的悲伤不难想象。

　　比起这两大修行,大学毕业似乎就轻松了许多。

　　可是在我们大学毕业那一年,非常不幸地,与我颇为要好的两位男生还是在这次历练中失败了。

　　由于没有顺利通过毕业考核,他们都面临着自己的"大五"时代。

　　"延期毕业"这四个字对于一个自小优秀惯了的名校生来说,多少都带着点令人抓狂的沮丧和耻辱。

　　从四年到五年,这平白多出的一年光阴更是难免让人觉得有"浪费"之感。

02

　　我所认识的这两名男生性情各异,最终延期毕业的缘由也并不相同。

甲君思维活跃，爱好广泛，交友圈很广，故而平时总要分出很多时间和精力给兴趣与社交。大学里的课业虽然不似高中那么繁重，但到底也需要付出一定的精力。这位"交际之星"最终未能如期修够必要的学分，因此迎来了自己的"大五"生涯。

乙君沉默寡言，酷爱电脑游戏，日日宅在寝室，一日三餐大多靠外卖搞定。他学的本就是计算机专业，对于毕业设计也并没有担忧，最终却由于每天在宿舍神游，而耽误了毕业手续的办理，稀里糊涂就进了延期毕业的名单。

不难发现，这二人都有一个共同点：他们自身能力都丝毫不存在问题。

长袖善舞的甲君念的是管理学专业，专业素质十分过硬，几个曾经带过他的老师均对其能力赞不绝口；天天不摸电脑就睡不着的乙君更是用生命爱着关于计算机的一切，在该领域前途无限。

但即便如此，最终的结果还是难免让人唏嘘。

也许是由于我早早定下读研的目标，显得比较无所事事，甲君与乙君在被宣布延期毕业后，都曾来找我谈心。

甲君看起来跟过去并没什么两样，衣着得体，笑容迷人。

但我很快就发现他并非表面看起来那么光鲜：他的头发正面看依然整洁蓬松，从后面看却显得有些塌软——明显是已经好几日没有洗澡，只在出门前，潦草喷了免洗净发喷雾。

一向重视形象的甲君竟然若干天没有洗澡,我心里已经差不多知晓"延期毕业"给他带来的沮丧了。

在后面的谈话中,他始终尽力保持着开朗的模样。他主动说"事到如今确实是我咎由自取",并且屡屡表示"其实仔细想想也没什么大不了"。

我只有静静喝着茶,听他独自高谈阔论。

直到旁边有拍毕业照的人群经过,他才突然脸色一变,几秒之后已是换了一副模样。

"我爸已经两周不接我电话,说我太让他丢人。"

我赶忙握住他的手——正式安慰这才开始。

从中午一直到傍晚,我们都在聊天。但话题总被他扯得太远太远,最终关于"延毕"的事也没聊几句……我实在追不上他神侃的能力。

告别之前他恢复迷人笑容:"谢谢你,倾诉之后我感觉好了很多。"

我心想:他回去之后,可能依然会表面光鲜,内心焦虑吧。

03

乙君看起来也并无太多异样——事实上,过去四年我也没见过他几次——一副带着划痕的眼镜,纯黑的印着某游戏人物的短袖T恤，迷茫而单纯的眼神。

想来万年宅男出门，这副模样应是十分平常。

"我'延毕'的事你听说了吧？"他搓着手坐下来，招呼过后立马问道。

我点点头。

"大家都听说了吗？"他迫不及待地追问。

我忍不住笑了一下。对于乙君这等终日沉浸在自己世界的人来说，突然暴露在众人视线之下必定缺乏安全感。

看到我笑，他瞬间拔腿想走。我赶忙好言相劝，将他拉回坐下。

"其实没什么大不了。你这件事多少是有些乌龙的……都知道不怪你。我们说起来，也是觉得你实在是太倒霉了。"我安慰他。

其实我心里想的是"少玩点游戏就不至于手机停机也没发现，搞得毕业通知一个都没收到"。

而我的安慰似乎对乙君来说很快便起了作用。一顿饭过后，他长吁一口气，笔直地站起身来，俨然告别了颓废模样。

"你现在准备去干吗？"我问他。

"回宿舍打游戏，今天约了队友。"他坦然回答。

我只有无语。

靠一顿饭的时间让一个人明白自己的问题所在,看来确实太不现实。

04

后来的甲君与乙君,在一年的"修行"之后也终于毕业。

我与他们之后也偶有联系。大多只是寥寥数语,倒也分辨不出具体的心情动向。

毕业之前,甲君再次请我吃饭。那顿饭之后,我又约出了同样面临毕业的乙君。

在这两次饭桌上,我并没有同他们说太多内心的感触。

我们大多只谈了过去的旧友,学校的时事,有趣的新闻,杂七杂八的搞笑视频。

我听他们说到毕业后的安排。

甲君已经签下一家外企,薪水优渥,当然工作也富有挑战性,这正是他所需要的;乙君如愿进入了某知名游戏公司,但出人意料的是,他入职的岗位竟是有关市场的而非技术的。

这一次,我原本就没有打算再次听他们同我谈心。毕竟,成年之后没事便找人谈心的男子也未免有些诡异。

在见他们之前,我一直在想一个词:间隔年。

在西方国家,许多年轻人都会在毕业后工作前,选择用一年的时间来游历。

他们有些会去从事对自己有帮助的实习；有些去完成心里想要尝试的事；有些是在旅行中寻找更多生活的意义；有些则是静静地打发这一年的光阴，用来更好地思考自己。

在中国，这个概念还没有被许多人了解和接受。

从学生时代到走向工作，并不是每个人都做好了充足的准备。

也许你匆忙地找到了一份工作，之后用三年时间发现自己并不喜欢，再用两年时间下定决心离开（或者再也没能离开）。

也许你按部就班，从学校一毕业就急忙上岗，想要好好去旅行的念头只有暂时压在心里。你告诉自己"以后再说吧"或者"没去旅行也没什么"，却在后来日复一日的繁忙工作中，距离那一场你渴望的旅行越来越远。

对于甲君和乙君来说，这一段意外的"间隔年"也许并非他们的本意。但无论如何，这最终带给他们的，就是一年的等待。

等待更加清楚自己的内心，等待眼前的道路变得更清晰，等待浮躁褪去，成熟到来。

空白的"一年"当然必定会让人焦虑万分，可真正在"等待"的时光，却只是下一段旅途前必要的准备。

所以这一次,我不是想要宽慰两位。

我是想要在他们一年的等待之后,为他们下一段更精彩的旅途送行。

其实,我们会遇见的"间隔年",又何止是在学生时代?

无论是高考复读、大学'延毕',还是工作遭遇瓶颈、爱情经历困境,在所有我们认为"浪费"了的时光里,我们都难免会陷入一种"正在失去"的焦虑。

可是这些看似静止的时光,真的是被平白浪费了吗?

假如根没有稳稳地扎入地下,再怎么着急生长,也无法接近阳光。

无论是"间隔年""间隔月",还是"间隔段",其实都不过是一种准备的过程。

画好你心里的地图,想清楚你最终的目的地。唯有准备充足,才能更好地出发。就像一棵认真生长的植物那样——先扎根,再开花。

心若有定所，何必去漂泊

01

看到这样一则新闻，内容是一张318国道的照片，骑行去西藏的"苦行僧"们一个挨一个地堆在照片里，等待道路修复通行。

好像从一个谁也没留意到的时间点起，旅行突然像一味无形无味的药悄悄潜入了我们的生活，并且还专治疑难杂症。如果你对生活感到焦虑，那就去西藏净化心灵；如果你觉得眼前平淡乏味，那就去欧洲体验浪漫惊喜；如果你和伴侣争吵冷战，那就去马尔代夫"晒热关系"。

还有一些热衷于长途跋涉之人专门干起了悬壶济世、问病开方的买卖。他们把自己的旅行经历去其无趣，取其新奇，集结成书，还畅销了起来，并在书架上时时刻刻地提点你去旅行。

有的人去旅行是为了流浪，他们天生骨子里就流着迁徙者的热血，对远方充满着莫名的热情，对未知有着强烈的好奇。他们承受得住路途的艰辛和孤独。因为这就是他们所追求的自由。

可有的人，去旅行是为了更好地留下。

02

我们的精神世界是一张神奇的网，有时它勒得太紧，将我们与鸡毛蒜皮的小事紧紧地贴在一起，闷得出不来气。有时它又变得很松，膨胀到无边无际，我们孤身一人，迷茫无措。那个时候，真的好想背着包，随便搭上一班列车，管它去哪里。

逃避的念头，我有过很多次。失恋时想逃，失败时想逃，觉得事情太多毫无头绪了也想逃。可我没有勇气，摸摸口袋，也没有钱。

赚钱了以后，终于有机会来一场说走就走的旅行。于是我第一次没有任何准备，乘着火车一路晃到了朋友家的小镇。

我是出来避难的，北方的天空和我一样顶着一张灰蒙蒙的脸。火车一路向南，天空也随之变得又高又明，我的心情随之变化，甚至跟着车厢里的音乐像向日葵一样愉悦地晃起脑袋来。接下来的四天，我像一个失忆症患者一样在朋友家闲逛。渐渐地我开始相信，我已经无所负担，无所忧虑。

可是总不能不回去，当我拉着行囊，踏上属于我的城市时，我突然发现，所有的烦恼，所有的担忧"唰"地一下又都回来了。我还是要面对填得满满的时间表，还是要面对解不开的情结，此前没能解决的难题如今也还是嚣张地在我面前张牙舞爪，而我，却比出走前变得更加没有斗志。

那时候，我才明白，其实这根本不是一场随机选择的放松，而是一次蓄谋已久的逃避。我希望借由环境的改变来改变自己的处境，可这世界上哪里有心结可以用药医的道理。

决定自己在哪里的，其实是你的心态。心若灿若朝阳，即使是在狭小繁忙的办公隔间里也一样是一场旅途，你的每一位同事都将成为你的旅伴，而每一场奋斗的结束，也将成为此次旅行最好的纪念。但倘若你忧心忡忡，即使身处花香鸟语的世外桃源，也很难做到全然放下包袱，自由自在行走。所以，解心何必上路？心中有路，心境自然开阔澄明。

永远别试图用一场梦来安慰自己。要知道，心若无所定，走到哪里也都是漂泊。

人生足够长，你能遇见最好

01

去接苏萌的时候，我有些期待，也有些不安。她如今是英国剑桥大学的语言研究员，十年未见，她的成长和蜕变，我都不知道。我能想起的，只有记忆中的苏萌。

不知道时光将苏萌变成了什么样子。

她还是当年那个一跟男生说话就会脸红的小女孩吗？

她出现了，变化很大，可我还是第一眼就认出了她。

齐肩短发让她看起来干净而清爽，双眼依然像从前一样清澈明亮。唯一的不同是身上衣着的变化，她已经不穿那些可爱的、毛茸茸的衣服了。看着气定神闲的她，我不禁感叹，她终于不毛躁了。

苏萌却笑道："可是，我依然倔强。"

十年前，我对她说："苏萌，你说好听点儿叫倔强，说难听点儿就叫固执。王翔已经不喜欢你了，你能不能有点儿出息，别再死皮赖脸地去追他了。"

苏萌摇摇头道："不，我就是喜欢他，为什么不能将他追回来？"直到看见王翔搂上新欢，苏萌才心如死灰。她疯狂地背单词考英语，然后逃到了英国。不知道她经历了什么，居然成了名校的语言研究者。

我看着她，猜道，难道你已经知道王翔离婚了？

苏萌似乎听到了我的心声："我约了王翔周日见。"

苏萌没有结婚。

十年里，她谈过两段短暂的恋爱。之后，她几乎将所有心思都花在了学术研究上，我还以为她放下了王翔。坐在车上，苏萌看着玻璃窗外的风景，忧伤地说："我就是放不下……"

十年前，苏萌是个机灵可爱的小姑娘。在我们面前，她细致而温柔，但在王翔面前，却总是霸气十足。连王翔自己都说，有时，他真想只做苏萌的朋友，而不是恋人。每当他这么说的时候，苏萌就大气地说："一家人，计较个什么劲儿？"

上大学时，苏萌可从没有把王翔当外人。

她总是乐呵呵地跑到王翔的宿舍，大声地喊："猪头，几点啦，还去不去吃饭啦？"

王翔也总是让她温柔点儿。

苏萌说:"我是没把你当外人啊!"

在外人看来,苏萌娇小可爱,温温柔柔。

可是王翔总说苏萌太彪悍,其实,苏萌只是宠溺王翔,才这般没有距离。

然而,人心说变就变,苏萌还在为给王翔买双耐克手套还是亲自织一条围巾纠结时,王翔提出了分手,理由是:和她一起,他没有自由,他讨厌苏萌管他。

苏萌愣了一阵儿,然后头也不回地离开了。

回到宿舍,苏萌蒙头睡了两天后说:"我想吃东西了。"

吃下了十个小包子和一碗米粉后,说要追回王翔。

后来,我们的宿舍楼前,常常有一个女生叫着"王翔"的名字。

她还疯狂地攒钱给王翔买礼物,借我们每个人的手机给王翔打电话。

我们都对苏萌说:"你最好还是放弃吧,变心了就是变心了!"

苏萌并不听:"我不相信,当初那么爱我,怎么会说变心就变心了?他一定是生我的气了,所以,我要告诉他,我变了,不再是从前的我了,我会给他自由的。"她固执的性格在爱情上发挥得淋漓尽致。

后来,苏萌看到王翔与新欢亲密的那一刻,说:"此时,我的心才真正地平静了下来。"她似乎接受了这样的结果,然后开始奋发努力,以最快的速度离开了我们。

02

我一直很喜欢"翻篇儿"这个词,像小时候读课外书一样,这一章已经结束,下一章会是一个美好的故事吧!

在如今的现实社会,你如果能学会迅速"翻篇儿",是让自己获得快乐的。

如今的苏萌,亭亭玉立,眼神清澈得一点儿都不像三十岁的女子。

苏萌与王翔见面了,然后独自回来了。

她讲了她跟王翔之间的故事。

苏萌准备去英国的前夕,把自己躲在角落里写的日记本送给了王翔,说:"这里是我一半的青春。"她问王翔能否再给她一个机会,王翔不置可否。

然后苏萌问:"如果时间倒流,回到初时,我们还会不会在一起?"

王翔不耐烦地说:"没有如果,曾经在一起过就够了。人要向前看,不是吗?"

苏萌黯然神伤:"即使错过,就不能再温柔相待吗?"

王翔没有说话,眉宇间露出了非常不耐烦的神色。

苏萌哭着说:"如果时间可以逆转,如果赤道都能留住雪花,你会珍惜我吗?"

"你说的这些毫无意义。"王翔说完,冷冷地扔掉日记本,头也不回地走了。

"然后呢?"我问苏萌。

苏萌笑得花枝乱颤,说,初恋不堪回首,她确实受到了很大的伤害,所以,这些年她一直放不下王翔。但现在再次见到王翔时,才发现,他早已不是记忆中的那个人。看起来,他那样疲倦,早已不是当时的阳光少年。是的,一点儿都不耀眼,与餐厅里任何一个异性没什么两样。

看着此时的王翔,苏萌忽然想要对自己这过往的十年说声抱歉。于是,她从包里拿出了那个写满青春的日记本,说自己准备烧了它。

王翔不解。

苏萌调皮一笑:"因为占地儿啊!"

吃完饭,王翔小心翼翼地询问苏萌:"能不能以后常联系你?"

苏萌潇洒地摇摇手，坚定地说："我希望这是我们最后一次见面，祝你幸福。"

果然，苏萌一回家就把日记本烧了。

纠结了十年时光，成就了此时的苏萌。

后来，我们见到了苏萌的老公，一个拥有温暖笑容的男人。

与王翔见面后，这个阳光男人很焦急地在机场等她，他对她说，真怕她这么一走就不回来了。

苏萌依偎在他怀里，轻轻地说，他的热度就像赤道，融化了自己这片飘落他乡的雪。

苏萌，你的固执与倔强，成全了一个不将就的你。记忆里的纠结，你也并未逃避。时光让你受过的伤害，都变成了你掌控自己的力量。

这样的固执与倔强，其实是勇气，不是吗？

姑娘，假如你遇到了一个对你来说很重要的人，假如你经历了痛苦的挣扎后，还是不得不承认你们有缘无分，这一切都不值得你真正悲伤。耐住那些孤单、失望、落寞，你会发现，曾经的稚嫩终会向你告别。

除了远方,还要有眼前的"苟且"

01

公交车上,旁边两个男生和一个女生在叽叽喳喳地说着话。

女生说:"××最终还是去读食品与安全专业了。你说她怎么想的,我都替她发愁,这个专业将来能找到工作吗?"

"有本事的人不上学照样能赚大钱,没本事的学历再高也不一定能养活自己。"男生A带着少年惯有的桀骜说。

"就是,读再多书也没用,我都不想读了,就想在哪弄点赚钱的营生。"男生B用不耐烦的语气接话。

"读书没用,你还来补习干吗?"女生反问。

男生B跷起二郎腿:"你以为我想来啊,要不是我爹逼着我来,我才不愿意呢!现在这社会都看钱了,读那么多书有什么用?读书能当饭吃吗?你让它给我变出两个包子来试试!"

本是应该好好学习的年龄，这几个小毛孩子净想这些乱七八糟的事情。

实在听不下去了，于是我对他们说："你们呀，自以为很了解这个社会，其实什么都不懂。你们现在想挣钱，想创业，就不想想你们耳熟能详的企业家哪个不是名牌大学毕业的？且不说你们能不能成为企业家，就现如今找个一般的工作，怎么着也都需要大专的文凭。如果你连大专文凭都没有的话，别说成为富豪了，你真的可能连吃饭都成问题。当然，你可以说创业不用学历，那么我请问，你们准备做什么？没有过硬的专业知识，也许你只能开个包子铺。即便你开了个包子铺，没有专业的知识和学问，你的规模也做不大。"

我转向男生B，继续说："你爹拿着棍子要赶你去读书，那是为了让你以后不后悔，因为他比你知道读书的重要性。现在你年龄还小，没有感觉，可当你走出现在这个地方，到大一点的城市去，你就明白了。"

几个孩子不吭声了。

沉默了好一会儿，男生A说："就是，咱们还是得上学，至少也得读几年大学。"

女生若有所思，然后问我："姐姐，我有个好朋友，她今年考取了食品与安全专业，这个专业现在好找工作吗？"

我想了想,然后告诉她:"你以后选择的工作有可能和你所学的专业没有一丝关系。大学毕业证只是你找工作的敲门砖,即使我们工作了,还得继续学习,这样才能保证不被淘汰,所以你学什么专业,并不能绝对影响你未来的发展。而且现在国家越来越重视食品安全问题,咱们这些老百姓也想吃得更加健康,所以这个专业的前景还是不错的。"

他们不再说话,过了一会儿,公交车到站,他们下了车。

我不知道我这番话是否能让他们对于读书有更加深刻的理解,我只是觉得需要有人能给那些正处于迷茫中的年轻人一些指导。

二十岁左右正是好好学习、努力成长的年纪,在这样几乎没有任何负担的年纪里沉淀和积累自己,才是他们的主要任务。谁的青春不迷茫呢?迷茫不可怕,可怕的是如果不学会理性对待这种迷茫,心中的暴躁和浮华最终会摧毁你,你会忽视和否定努力的作用,变得消极,不敢为自己的未来负责。没有哪一次成功是不需要知识支撑的,也没有哪一次辉煌不需要积累作铺垫。我们只有不断强化自己、丰富自己,才能用我们的才华去敲开通往成功的那扇门。

所以,不论你遭遇什么,考试落榜或者辍学在家,又或者你不得不将就学了一个自己并不喜欢的专业,更或者找了一份自己完全没有兴趣的工作,这都不是你蹉跎岁月、怀疑人生的理由,不要吝啬你的付出,如果你想成功,就一定要继续沉淀、继续努力。

02

一个真正成功的人在面对人生各个阶段的时候都能够静下心来把当下的事做好,珍惜当下便没有失败。现在的你还那么年轻,只要不浪费自己的生命,不断积累沉淀下去,你肯定能收获属于自己的果实。

不要总看着远方,要着眼于当下的路,当下做好了,未来才会以美好的样子来到你面前。如果你总是望着未来,你会忽略脚下的付出,只会更加迷失,更加沉不下心,最后有可能会错失一切。

我有一个文友,以前只零零碎碎写过一些文章,从来没出过书,结果有编辑找她,第一部作品就畅销了。那时候我很不服气,我都写了几十万字了也没有出名,她一写就畅销了,这运气也太好了吧。

后来她送给我一本自己的签名书。我打开她的作品,越往后看,心中的怨愤就越少,取而代之的是更多的敬佩和欣赏。不得不承认她的思想深度、引经据典的出处、文字功底还有逻辑思辨能力皆是我所不能及的。换言之，虽然我坚持写了很多年，可功底却比她差得太多。

看完之后，我不禁问她："你怎么写得那么好啊？"

她和我说起了她的一些生活。

从小她就喜欢读书，可因为家境不好，没有很多书读，她就经常到处借书。到了大学之后，很多人都忙着谈恋爱，她却没有。她的大学生活基本都是在图书馆度过的，博览群书，写论文，做研究，也许在别人看来很无聊，她却过得十分充实。虽然没有正儿八经写过一本书，但是有那么多的积累，她的思想深度和笔力早已达到了一个比较高的层次。

大学毕业之后，她选择留在了大城市，工作很出色，深得老板的器重。可她刚在那座城市安定下来，正打算大展拳脚的时候，她母亲却得了很严重的病。

为了方便照顾她的母亲，她放弃了原本很有前途的工作，回到了老家。利用这段时间，她思考了很多，关于人生，关于生活，全都用文字记录了下来，结果得到了很多网友的共鸣，于是就有了自己的第一本书。

母亲病好之后，她没有再回到以前的那座城市，而是选择了在老家找份工作，闲暇之余继续读书写作。

她说她仍需要沉淀，需要一个继续深造的机会，让自己飞得更远。虽然她也不知道自己到底能走多远，但是她懂得每前进一段便停下来认真思考和回顾过去。这样也许走得很慢，却可以走得很平稳。

她的这些话让我认识到自己的鲁莽和自不量力，于是不再执拗于现在，开始安心充实自己。如果地基不扎实，楼层盖得再高，也不过是个豆腐渣工程，总有一天要倒塌的。

我们每个人都需要正视自己，认清自己，清醒做自己，踏踏实实做事，有机会学习就好好学习，没有时间学习的时候也要想办法提高自己，不要焦急地想要拥有一些暂时还不属于自己的东西。只有你对自己足够了解，并且做好随时冲刺的准备，你才会有源源不断的能量翱翔。

世界这么大，靠谱最重要。

人生没有白走的路,每一步都算数

01

小雨才貌双全,曾是学校的风云人物。毕业后,由于不想回家乡小镇,她便去南方某城市闯荡。凭着过硬的专业能力,她过五关斩六将,进入了某国企。

很快她发现,除了一纸文凭和那张漂亮的脸蛋,她并无其他优势。没有人脉,没有经验,所以,她只能从一名小小的业务员开始做起,而且试用期是三个月。三个月完成不了任务,她依旧要卷铺盖走人。

看着新来的本地同事可以舒舒服服地坐在办公室里吹空调,不用被考核指标所束缚,而自己却要风里来雨里去,低三下四地去求客户,她觉得很委屈。

但倔强的她并没有放弃,而是在陌生的城市开启了奋斗之旅。她列出了三个月的工作计划，白天按照城区地图一家一家地跑企业，晚上在家突击专业知识，没有周末，更没有节假日。三个月考核期满后，她的业绩刚好过了合格线。

排名在她前面的那些同事，表现得趾高气扬，而被她甩在身后的好几十个人，则被残酷地淘汰出局。她被正式聘用了，虽然只是个小小的业务员，但她成功留在了自己喜欢的城市。

刚开始的日子虽然很苦，但她却以此为乐。白天，她要拜访很多客户，晚上回到家，还要认真分析和筛选潜在客户，为他们量身定制合适的产品。虽然明知道自己的努力不会都有结果，但她还是认真地去做。

当然也有沮丧的时候，比如因为长相甜美，少不了会有客户要求她去陪酒，她都是直接拒绝，结果很多单子都黄了。结果业绩不达标，工资被扣了很多，总是入不敷出。

命运是公平的，所有的努力都不会白费。两年后，领导看到了她的优异表现，直接将她调到了总部。五年后，她以业务部经理的身份，重新回到了分部。十年后，她升为副总。十五年后，她成为分公司的老总。在那个城市，她是个异乡人，一没有亲人，二没有朋友，三不靠姿色，赤手空拳，为自己打下了一片江山。

02

我的朋友乔叶生性乐观，但她之前有过一段不愉快的婚姻。刚结婚时，丈夫对她宠爱有加，生活幸福。但好景不长，丈夫很快就露出了不堪的一面，多疑、自私、冷漠，还不时对她拳打脚踢。

对她来说，每晚回家就像是一场噩梦。她无数次想离婚了事，但每每看到年幼的儿子，又于心不忍，这也使得她丈夫变本加厉。

如今，在离婚三年之后，她遇到了自己的"真命天子"，过上了幸福的生活。

有人说："再长的隧道也终有尽头。"小雨和乔叶以及很多人的故事告诉我们，的确如此。

每个人都难免要穿过几个隧道，有生活的，有工作的，有爱情的，有学业的。在隧道里独自奔跑的日子，是孤独的、压抑的、痛苦的、绝望的。但再长的隧道也终有尽头，再长的雨季也会结束。当你觉得山穷水尽时，请告诉自己，前方一定有属于你的柳暗花明，只是时间早晚而已。